非主流恐龙记

冉浩 著

中国科学技术出版社
· 北 京 ·

图书在版编目（CIP）数据

非主流恐龙记 / 冉浩著. -- 北京 : 中国科学技术出版社，2020.1
ISBN 978-7-5046-8335-9

Ⅰ. ①非… Ⅱ. ①冉… Ⅲ. ①恐龙－研究－中国
Ⅳ. ①Q915.864

中国版本图书馆CIP数据核字(2019)第161028号

策划编辑　邓　文
责任编辑　邓　文
封面设计　朱　颖
责任校对　焦　宁
责任印制　李晓霖

出　　版　中国科学技术出版社
发　　行　中国科学技术出版社有限公司发行部
地　　址　北京市海淀区中关村南大街16号
邮　　编　100081
发行电话　010-62173865
传　　真　010-62173081
投稿电话　010-62103347
网　　址　http://www.cspbooks.com.cn

开　　本　787mm×1092mm　1/16
字　　数　200千字
印　　张　18
版　　次　2020年1月第1版
印　　次　2020年1月第1次印刷
印　　刷　北京博海升彩色印刷有限公司

书　　号　ISBN 978-7-5046-8335-9/Q·219
定　　价　58.00元

序

很久以前，冉浩就跟我提，他要写一本书，来讲讲我俩的故事。由于我俩的主要合作范围是在古遗迹学、足迹学、古病理学等在比较冷门的古生物学中都算比较冷门的领域（可能只有琥珀稍微好一点，毕竟是珠宝嘛），所以这本书的内容可能会比较独特。

这是件很好的事情，我很支持。最初，他管这本书叫《边角恐龙学》，但这名字看起来有点太严肃了，好像一本学术专著。还好，当被邀请写序言的时候，他告诉我这本书的名字已经改成了《非主流恐龙记》，这就感觉好多了。

书名中一个“记”字，很好地反映出了这本书的写作思路——把我们亲身经历的研究过程，用随笔和故事的形式讲述出来。他差不多很好地做到了这一点，并且将一些研究的过程、思路做了比较好的解读，中间还穿插了不少个人感悟，又使文章增色不少。

不过，我确实没有想到他可以这么快成书，大概是因为亲身经历居多，写起来会相当顺畅吧？也正是因为这是一本科研亲历书，它的知识肯定是靠谱的。而且这本书的作者，是一个科研做得不错，书写得也很不错的家伙。所以，这本书读起来也是酣畅淋漓，让人不忍释卷。

从内容上来说，这本书已经囊括了我俩在2019年以前合作过的多数研究，也让我回忆起了早年研究的岁月。我想，在这些研究中，最艰苦的大概就是恐龙骨头上的饕餮迹的研究了，为了完成这篇论文我们几乎查阅了所有的相关资料，前后修改了一百多个版本，才终于得以发表。就像他书中所说，真是两个新手，在磕磕碰碰中前进。但最后，我们还是完成了它，并且得到了认可。老实说，我觉得这是一个相当励志的故事。

除了我俩合作的研究，这本书还记录了一些由我主导的、他没有参加却也知情的研究，并进行了介绍。而且，他还在书中大吐各种内幕。对于前者，我应该表示感谢；对于后者，我只能说，还好，多数是好话。但是，他居然记得我在一位朋友家摔跤这样的事情，嘤嘤嘤……

但是不管怎么说，我还是一定要祝贺这本新书的出版，并且，这确实是一本不可多得的好书。我想，如果您阅读它的话，一定会有所收获。

最后，祝您阅读愉快！

邢立达

前　言

很小的时候，我就希望自己能成为一名科学家，我向往天上的星空，也喜欢大地的草木。大概刚上小学的时候，我就同小伙伴们开始了“科学研究”。我从马路上意外捡到了一些胆矾晶块——现在想来很可能是从某农资运输车辆上掉落下来的。但当时，那些像宝石一样的晶体深深吸引了我。我觉得这大概是从天上掉下来的宝石之类的东西，这个想法很怪异，但我当时觉得这是很了不起的东西。于是，围绕着这神奇的晶体，我们展开了一系列“研究”。

我们很快就发现这玩意儿可以溶解在水里，变成淡蓝色的液体（硫酸铜溶液）。我把臭椿树叶放到里面，经过几天，臭椿叶子的臭味就会褪去，反而会出现香味；小伙伴发现把（蓝色）溶液涂在伤口上，可以加速伤口愈合（现在我非常怀疑这个结论的准确性）……我们甚至误打误撞地观察了化学上的置换反应——当我们把一节铁丝放进溶液里的时候，被置换出的铜金属包裹在了铁丝的表面，神奇极了！

我很庆幸我童年的化学研究到此为止了，我并没有像某本满世界寻找蜜蜂的图书作者那样在童年就爱上了制作炸药。我和一位朋友翻译了他的那本书，在那本书的前言里，作者回忆了激情燃烧的童年时代——鸽子粪、火光、爆炸、燃烧，以及火箭。然而有趣的是，这位化学狂童最终选择成为一名生物学家，而我，也做出了类似的选择。大概小学三年级前后，我的兴趣就转向了生物，我开始挖蚂蚁窝，把里面的蚂蚁成虫、卵、幼虫装在火柴盒和罐头瓶里养。从此，开始了我与蚂蚁的不解之缘，直到今天，我仍对它们深感兴趣。

后来，作为一个男孩，我对怪兽、奥特曼、恐龙，最后是古生物（也许是顺带的）开始有了兴趣。那时候，只要花1角钱，就可以在我们这里的书店里读上一本书，一本怪兽图鉴大概就可以读一个上午。真是太棒了！我对古生物的兴趣，可能很大程度上来自于我对霸王龙或者梁龙那庞大体态的崇拜，以及那么一点怪兽情节。

小学之后的中学时代是充盈的，并且越来越繁忙，但是，我很庆幸，我始终保持着对知识的兴趣，并且延续了小学时代的爱好，直到大学时代。那时候差不多是国内网络刚刚兴起的时期，互联网气息扑面而来，也正是在这个大背景下，我认识了两个志同道合的网友，并且最终影响到了我的研究方向。他们一个是玩蚂蚁的刘彦鸣，另一个是喜欢恐龙的邢立达。前者当时还在上夜大，后者，则是在广东读某财经大学，与他们现在的专长毫不相干。

今天，刘彦鸣已经成为一位很有名气的自然生态摄影师；而立达则成了一位古生物学家，并且因为古生物学领域的一系列发现而闻名。至于我自己，则一边在高中任教，一边在科学院挂职参与一些研究，还搞搞科学传播，成了一个科学“票友”。

我这本书，则主要是来讲我和立达之间的故事，以及我们合作的那些与恐龙有关的研究，是亲身经历所做，算是原汁原味，应该担得起一个“记”字。之所以给本书冠以“非主流”之名，是因为我所介入的领域即使在整个冷门的古生物领域中也堪称冷门，比如恐龙的脚印、化石上奇怪的坑或者某种动物的巢穴…… 但它们其实相当有趣，而且当你去考证它们的时候，会有一种类似侦探破案还原现场般的快感。这对我来讲，就足够了。亲爱的读者朋友，我愿意把这种快乐与你分享，也希望你喜欢这本书里的故事。

这本书的出版得到了立达很大的支持，除了我自己的一些图片外，本书中的多数图片都由他提供。书中的复原图多数来自张宗达，我很感谢他为我们相当多的研究绘制了精彩的复原图，此外还有来自刘毅等画师的图片，在此一并感谢。此外，还有少量图片来自商业图库授权使用，同样感谢他们的图片，让本书更加出彩。同时，我要感谢所有对我们的研究提供了支持和帮助的老师和合作伙伴，没有他们的付出，也就不会有书中的这些故事。最后，还要感谢邓文编辑的辛勤付出，使得本书得以顺利出版。

最后，我也祝您阅读愉快！

冉浩

目 录

序

前言

第一章·遗迹篇：这是谁的洞穴？

2 **谁动了恐龙的骨头？**
3 诡异的长条化石
8 有直觉，没证据
12 两条路线
15 社会性的造迹者
21 缺失的信息
23 阴影中的噬骨者
26 关键的形态证据
32 艰难的投稿
37 **骨头上的奇怪小坑**
38 川街龙的尾巴有坑
43 还得考虑昆虫
46 Ichnogenus *Cubiculum*
52 大小不一的困局
56 南非还有个洞
60 **粪便还是住所？**
61 一截恐龙粪便？
66 巢穴的主人
71 它们因何而来

第二章 · 足迹篇：来自远古的脚印

76 **当文化遇上恐龙脚印**
77 遥控的科考队
81 张三丰、豪华羊圈，以及神鸟
87 鸟与恐龙的故事
99 莲花保寨和江湖菜
109 **行走在中生代的大地上**
110 大脚印拐了一个弯
114 会游泳的掠食者
122 踩在软软的沙地上
126 幻影行军的小恐龙
134 成群行走和围猎

第三章 · 古病理篇：恐龙生病了

148 **异常生长的骨头**
149 掉了一颗牙
155 奇怪的椎骨
161 连锁的骨头
165 毒舌编辑与烂英语
171 **一根肋骨背后的血案**
172 有洞的肋骨
176 一颗“牙齿”
181 透视利器

第四章 · 琥珀篇：这里有个白垩纪

188 **琥珀中的“虫草”**

189 古老的蚂蚁

197 打眼和交学费

208 **琥珀中的鸟与龙**

209 从翅膀开始

213 被粘住的小鸟

221 真的恐龙

229 一场发布会

233 **可以有个白垩纪公园?**

234 蛇、蛙及更多

246 白垩纪公园？有没有可能？

255 还有思路没？

265 参考文献

273 后记

第一章·遺迹篇：这是誰的洞穴？

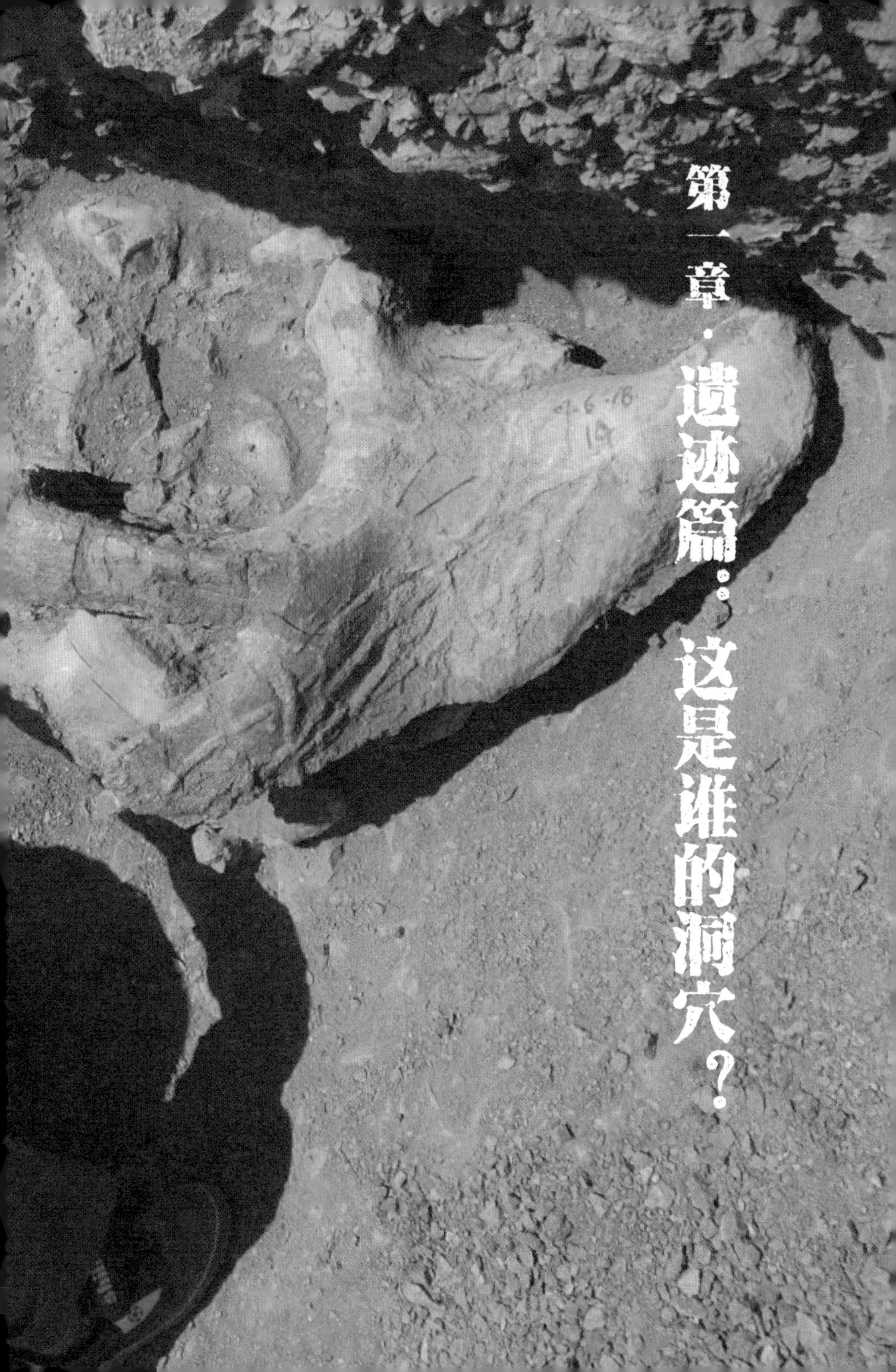

谁动了恐龙的骨头？

一头巨大的云南龙轰然倒下。接下来，第一批循着气味到来的是嗅觉灵敏的食腐昆虫等小型无脊椎动物，它们会在肉里产卵，期待幼虫能丰衣足食地成长起来，但它们的小算盘多半不会得逞。

那些大得多的食腐动物——比如食腐恐龙，很快就会赶来。它们驱赶上批光临者，把虫卵、不愿逃走的小虫连同大块的肉一起吞到肚子里，让它们转化成自己的营养。这时候，那些更小的食肉动物可能在远远地观望，等待大家伙们吃完以后能够剩下一点儿残羹冷炙，供自己填饱肚子。

此外，也许还有一群小家伙在地下默默等待着……

诡异的长条化石

2005年，故事的两位主人公，邢立达和我，从未谋面的两个网友，毕业了。他23岁，我22岁。我去了一所公立中学教书，并且在未来的日子里一直在那里工作。邢立达则进入媒体行业工作，但他一直没有放弃他的恐龙梦。半年之后，他去了位于江苏省常州市的中华恐龙园，负责科研和科普工作。大概是察觉到自己的财经背景确实不太能支撑起自己的古生物学工作，他又辞职去成都理工大学进修了研究生课程，而后又在云南省禄丰县的世界恐龙谷挖了一年恐龙化石，之后到了中国地质科学院的地质研究所学习和工作。这期间，他出了不少关于恐龙的科普图书，并且已经在圈子里相当有名气了。

也是在这期间，我们第一次见面。时间大概是在2007年前后。起因是和另一个朋友一起要升级一下恐龙网，所以需要碰头商议一下。这是立达创始的网站，早在高中时期，他便一手打造了这个网站，那是中国第一个古生物科普网站。在大学期间，他曾经以科普作者和网站负责人的身份兼职于中国科学院古脊椎动物与古人类研究所。

我清晰地记得当时的场景，他从北京老巷子的另一头慢慢走来，穿着蓝色的牛仔裤，裤兜里还揣着两部手机。他很干练，也很健谈，虽然可能因为太欢脱，他在屋里摔了一跤，但给我的总体印象还是很不错的。

当然，最后这个网站还是没落了，其中的原因很多。不过将来如果有机会，我想还是可以试着复活它，让它重新上线。

而立达也踏上了新的征程。在2009年的冬季，他凭借着自己的努力和“中国龙王”董枝明教授的推荐，远赴加拿大阿尔伯塔大学，师从著名古生物学家菲利普·柯里（Philip J. Currie）读研究生。

也就是在他开始攻读学位的时候，我们开始了在学术上的合作。刚刚到达加拿大的他，还不太适应那里的课程节奏，特别是那时候他的英语还不太好，听课特别吃力。不过他够努力，会把教授讲课的录音拷贝回来反复听。即使如此，第一次阶段测试的成绩仍不理想。

立达很郁闷，和我诉苦说他对自己很失望，也觉得很对不起老师。老师对他很好，甚至怕他生活拮据，拿自己的钱偷偷给他发补助。所以，他希望在接下来的学习和考试中好好表现。然后，他话锋一转，谈到了在云南禄丰的时候，在云南龙骨架上遇到的“怪东西”，说不定可以作为一个很好的汇报素材。

那是立达在禄丰世界恐龙谷博物馆的时候。禄丰世界恐龙谷博物馆是云南最大的恐龙博物馆，近百条来自禄丰盆地的恐龙像兵马俑一般层层排列。禄丰盆地在我国的恐龙研究史上名声显赫，它地处昆明市西北方约102千米，是一个小型的内陆盆地。这个发红的盆地沉积了差不多厚达1000米的陆相沉积岩，下层为侏罗纪早期的沉积物，上层为侏罗纪中期的沉积物，里面富含古生物化石。而随着地表的风化，大量的恐龙化石源源不断地暴露出来。由中国人自己研究、复原、装架的第一只恐龙——许氏禄丰龙（*Lufengosaurus huenei*）便是源自这里。禄丰龙属于植食性的基干蜥脚型类（也称原蜥脚类）。原蜥脚类恐龙曾经被认为是长颈恐龙的祖先，它们也是禄丰盆地最优势的恐龙族群。这个故事的主角——云南龙（*Yunnanosaurus*），正是该族群的成员之一。

在那里，他拨开“游客止步”的告示牌，推开一层角落的小铁栏杆，径直走进了化石刀客的“演兵场”。在气动雕刻笔的震动声中，阵阵刺鼻的三秒胶（一种比502胶还强的粘合胶）味道一直飘进鼻孔里。这个角落主要供技师修理化石专用，不时有好奇的游客在上方平台张望，想弄清一堆石头中是如何冒出一只恐龙的。由于每年都来此地观察标本，技师们和他都已经稔熟，任他在一堆堆貌似无序的骨头——其实是一只只尚未修理或装架的恐龙间逐一查看。此时一段肋骨引起了他的注意。

它的表面并不像其他化石那么光滑，而是缠绕着一些特殊的网状结构，就像树上的藤萝。

立达从未见过这种化石，“是某种植物根系造成的沉积现象？抑或是某种虫迹？”他正寻思着，一名技师走了过来，瞟了一眼他手里的化石，抱怨道：“这些道道很是讨厌，上次我们修掉了一堆！”

修掉了？！一堆？！

立达顿时目瞪口呆，赶紧让技师带他到废品堆，翻出了那些被凿下来的“废品”。看立达心疼不已的模样，技师忙安慰说：“我们留着最好的一条，是云南龙，现在还在展厅里！编号35。”

当立达赶回展厅，翻过栅栏，找到这条有着古怪痕迹的恐龙时，眼前的景象令他兴奋不已！这些诡异结构附在恐龙骨骼上多处，尤

发现了奇怪“长条儿”的35号标本（邢立达 摄）

以肠骨、坐骨、椎骨上最为密集，耻骨、肋骨和脉弧上也有保留。而且，技师告诉他，该现象在该恐龙的产地，禄丰恐龙山镇大栗树村的山包上并不罕见，好几只当地出土的恐龙身上都有类似痕迹。

这些“长条儿”只缠绕在骨头化石上，在剥离下来的围岩中没有发现，这说明它们与植物根系没什么关系，确实是骨骼化石上的附属构造。而这类构造还从未在骨骼化石上被报道过！在接连排除了病变、矿物晶体析出等种种可能性之后，记录本上只剩下最后一个选项——生物遗迹！

最后，我的电脑屏幕上收到了来自立达在太平洋另一端的信息：你认为，这会是谁的遗迹呢？

有直觉，没证据

在电脑屏幕的另一边，看着传过来的这组图片，我陷入了沉思。

如果仔细观察这些结构就会发现，这些痕迹都突起在骨骼化石表面，由一些略显扁平的长条儿石道道所组成，它们有粗有细，粗的能有2厘米宽，而细的只有几毫米宽，所有的“长条儿”都很圆滑，

化石发掘时清晰可见的网状结构遍布各处（李大健 摄）

35 号标本的背椎，注意它们底部的通道遗迹化石。通常，在拍照的时候我们会放上一把尺子作为参照，这样，你可以在图上进行大致的测量和估计

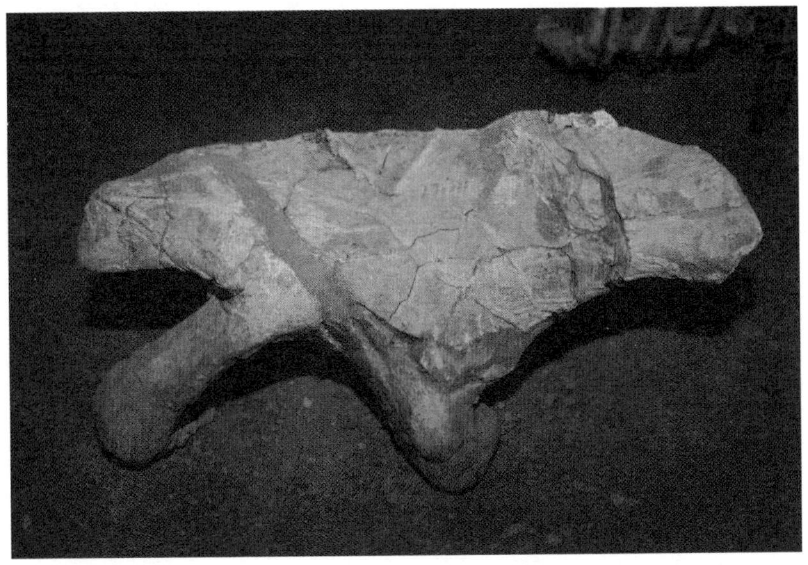

35 号标本肠骨上的遗迹

末端呈半圆形。有趣的是，这些“长条儿”还会分叉，在一些特殊的地方还有膨大结构。“长条儿”彼此交错在一起，形成网络结构。

立达提出了他们的猜想：蚂蚁或者是白蚁的巢穴。

我第一眼的感觉，肯定不是蚂蚁的巢穴。一方面是因为这块化石的年代在侏罗纪早期，差不多距今2亿年的样子。而蚂蚁的起源时间要晚得多，在时间上并不契合。另一方面，则是这些长条状的或者说是通道状的化石感觉不对。作为一个从不到十岁就开始玩蚂蚁的人来说，哪怕只有20多岁，也已经是有十多年资格的老手了。我挖开的蚂蚁窝多到数不清，对蚁巢的那种感觉已经深入骨子里了。而这组化石的感觉，不对。不应该是蚂蚁留下的痕迹。

虽然我在直觉上否定了是蚂蚁窝的可能性，但是真正排除蚂蚁窝则是后来查阅了很多资料以后才确定的。蚂蚁的巢穴是可以拆解成一个个小单元的，每个小单元包括了一节通道和一个水平方向伸展的巢室。我们经常会感叹，小小的蚂蚁，只有盐粒那么大甚至更小的脑子，却能够构造出非常庞大的地下巢穴。然而实际上，这并不难。蚂蚁不会规划巢穴，也不能在全局上设计它。它们只是掌握了非常基本的建筑手法——单元化。实际上，它们是把一个个巢穴建筑单元像堆积木一样连接在一起，越造越多，从而最终形成复杂巢穴的。这种模式，我们称为“自组织”。

显然，缠绕在骨骼化石上的通道不能拆解成蚂蚁的基本建筑单元。换言之，它们的造迹者（trace maker）不应该是蚂蚁。

所以，我们的怀疑目标，就变成了白蚁。

如果真的是白蚁的巢穴，那白蚁为什么要在恐龙的骨头上筑巢呢？而且是环绕着恐龙的骨头筑巢？偶然路过？不太可能吧。更大的可能，是不是把这里作为了一种生存资源？若是如此，难道是白蚁在享用恐龙的骨肉？

接下来的推理就让人兴奋了。若是如此，在蚂蚁还没有演化出来的时代，古白蚁到底在扮演一种什么样的生态角色？它们是不是像今天的蚂蚁一样，作为动物尸体的重要分解者而存在？

若是如此，我甚至可以继续推断下去，是不是蚂蚁兴起以后，由于进化的优势，强占了白蚁的生态位？若是如此，倒是很能解释为什么白蚁和蚂蚁之间发生了那么多身体结构和行为方式上彼此针对性的进化了。如果，远古时代，两个种族之间确实曾经有过激烈攻守之争的话…… 不过，最后的结局，白蚁还是败了，败在它们对后来地球较冷环境的不适应，败在它们相对薄弱的装甲及相对较慢的行为和反应速度上。

我的手轻轻地敲着桌子，心情不能平复。我知道，我过度演绎了。但是，这个想法真的很吸引人。

立达看我快要失控了，毫不犹豫地泼冷水：证据呢？

是啊，没有证据。遗迹化石没有伴生昆虫化石，连造迹者都很难确定。

而且，摆在我们面前的还有一个很大的问题——通常认为，现代的白蚁多数都是严格的素食主义者，它们利用体内的共生微生物分解纤维素，将这种多数动物都无法消化的物质转化为营养。而这些吃木头的家伙，确实曾经开过荤吗？

两条路线

科学研究不是文学创作，任何假想都需要证据。我们要做的，是查找证据，然后，证明假说，或者，推翻假说。

事实上，推翻一个假说并不是坏事，因为那代表着我们对研究材料的认识得到了加深。有时候，一个正确的结论也许没有之前那个那么激动人心，但是，科学就是这样。你可以大胆想象，但必须小心求证，最终的结论，必须要足够谨慎，甚至看起来会非常保守。

目前，摆在我们面前的最重要的任务，就是确定造迹者。为此，我们规划了两条路线：第一条路线，是要逐一排除其他的造迹者；另一条路线，就是要评估白蚁作为造迹者的可能性。

首先，可以排除的就是较大型动物作为造迹者的可能性。原因很简单，这些遗迹足够窄，直径从几毫米到一两厘米。作为洞穴，首先就是要能让住在里面的动物通过，所以，较大型的动物特别是脊椎动物，几乎是没可能了。而且四足的脊椎动物的洞穴在截面上还有一个典型的形态学特征，我在后面的章节会提到。

所以，现在，我们的目标就锁定在了会在动物骨骼上造迹的那些无脊椎动物。我们可以确认这造迹者是陆生动物，原因无他，化石是陆相沉积，不是海相沉积。或者说，是在陆地上沉积形成的。目前已知的，有可能会在动物骨骼上造迹的陆生无脊椎动物以昆虫为主，如蜉蝣、谷蛾、蚂蚁、白蚁、甲虫等。

先从蜉蝣开始，排除对象是它的幼虫。蜉蝣的幼虫生活在水中，它们有时候会在硬质的木头或者骨头上挖巢。严格来讲，蜉蝣的巢和我们的化石差别很大，它们是在硬物内钻孔筑巢，而我们的化石则是在骨头的表面凸出的结构。或者说，我们的遗迹更可能的应该是造迹者用什么材料搭建起来的。由此，也可以排除掉包括蜉蝣在内的多数造迹者，因为多数无脊椎动物的造迹都是钻孔的形式。

此外，蜉蝣的幼虫采用了水生动物经典的“U”形巢穴。这种巢穴有两个开口，可以让水流从一个开口进去，从另一个开口出去，以保证巢穴内水流的清新，也能保证巢穴内的溶氧。一些滤食性的动物还借此过滤来自水中的微小食物颗粒。

你也许会问，既然是陆相沉积，为什么我们还要考虑水中的动物呢？

那是因为我们不知道恐龙的尸体在形成化石的过程中都经过了哪些事情，沉积的过程中往往伴随着河流的搬运、洪水的掩埋等，尸体或骸骨也有可能被河水或者溪水浸泡。小心求证总是好的。

事实上，尽管在我们最终的论文中没有体现，我其实差不多查阅了所有筑巢的动物类群的资料，甚至包括海洋中的虾蟹，以确保不会错失关键信息。我确实发现有一类网状巢穴遗迹和35号的遗迹非常相似，那就是一些底栖虾类挖掘形成的网状巢穴，并且已经发现过类似的遗迹化石。但仔细比较，它们又有不同。底栖虾类建造的网状巢穴更像是一组网格，而35号的遗迹则是分支状的脉络。再者，底栖虾类的通道直径均匀，也不会半路膨大，出现我们的标本那样的小室结构。而且，底栖虾类的网状巢穴一般倾向于水平，有时还会有螺旋状结构，这些都与35号标本的遗迹不同。更重要的是，从未发现过底栖虾类有缠绕骨骼筑巢的行为。

通过这一次扎实的研习，我基本摸清了各个动物类群的筑巢特点，也为我以后判断其他动物巢穴的遗迹化石打下了基础。

社会性的造迹者

谷蛾是一类不漂亮，甚至可以说有点丑陋的蛾子，它们的幼虫被报道蛀食过龟甲和牛角，而且能够建造通道。与钻孔不同，它们确实在建造。谷蛾的幼虫用丝做通道的内衬，然后把土粒和骨头碎屑等粘在一起作为外层，编制自己的防护层。事实上，用丝来建造巢穴或者织化蛹的茧子是很多能吐丝的昆虫幼虫的选择。我还为此专门查阅了一些有关的文献。

为了判断遗迹化石是否来自这种丝土混合或者纯粹由丝构成的材质，立达把样品拿去做了切片。化石被横向切成薄片，然后打磨光滑。我们可以看到内部均匀的材质，这些材质应该是后期化石形成的过程中填充进来的，是通道的内腔。原本内腔应该是空的，但是经过了亿万年后，矿物质渗透进内腔中，并且将它填满了。在内腔石质边缘，有薄薄的一层，而且保存得并不完整。我们起初并没有完全认识到它的意义，直到澳大利亚詹姆斯·库克大学的艾瑞克·罗伯茨（Eric Roberts）博士加入以后，才确认它

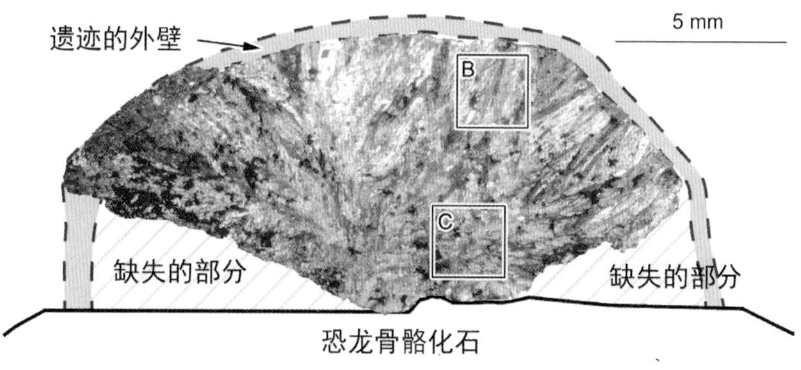

化石的横截面切片。现在，我们就比较容易看出来，它可能有泥质的外壁。B和C都是里面后来填充的矿物

正是我们苦苦寻找的真正的洞壁。洞壁没有发现混合的骨屑，看起来更像是单层泥质外壳。或者说，是用泥巴垒起来的通道。

最后，是甲虫。这是一个很难排除的昆虫类群。它们历史够长，至少在二叠纪就已经出现；它们习性各异，遍布各个昆虫生态位，自然也有破坏骨头的（特别是它们的幼虫）。已知会在骨头上留下遗迹的类群有葬甲、皮蠹、阎甲、粪金龟和拟步甲，但是这些昆虫类群中没有一种能造出如此复杂的网络系统。而且甲虫的幼虫如果啃食了骨骼，往往会在骨骼上挖掘出椭圆形的蛹室，但35号标本上并没有发现类似的结构。

而35号标本上还表现出了另一个值得注意的特征，那就是遗迹通道的尺寸不是一成不变的，甚至有些通道的直径会有剧烈的变化。这都暗示着通道主人要么体型大小不一，要么很可能是社会性昆虫。

一般来讲，独居动物的巢穴宽窄是和主人的体型对应的，窄了会限制主人的行动，而过宽就会削弱巢穴的防御功能，因为洞口尺寸越大，可以进来的动物就越多，甚至可能会让自己的天敌冲进来把自己堵在洞里（我们曾经发现过如此悲催的化石）。

因此，一般独居动物的洞穴直径固定，和主人的体型对应，不会出现通道在某一个位置变宽或者变窄的情况。而35号标本上的通道遗迹不仅有宽窄的变化，有时半路还会膨大出类似小室的结构，这些都暗示着洞穴的主人应该不是独居的。

社会性昆虫的巢穴通道存在直径变化的现象，因为走在每条通道上的昆虫数量有多有少。比如社会性的蚂蚁，在主通道中有大量的工蚁在走动，通道便因为“交通量”大而被拓宽，而那些很少有蚂蚁经过的通道则相对狭窄。

在这些“嫌疑人”中，少数甲虫、全部蚂蚁和白蚁都具有社会性。不过，现存甲虫的社会化程度都比较低，无法建造复杂的巢穴系统。即使具有较高社会性的马氏芳小蠹（*Monarthrum mali*）也远没有达到蚂蚁和白蚁那样分工合作的地步。但是这并不能排除在远古曾出现过较高社会性甲虫的可能性，因此，单靠排除，甲虫不能出局。

但是，蚂蚁却可以出局了，原因是它们太年轻了——我在前面已经提到，蚂蚁的起源时间不会早于白垩纪，这与遗迹化石的地质年代至少相差数千万年。而且在前面我也已经提到，蚂蚁的水平通道和巢室与35号标本上的通道在形态上不同。

但是，我不打算就此放弃，因为蚂蚁除了在土壤中挖掘隧道外，它们还有用土覆盖食物的习性，至少其中的一些类群是这样的。我曾经见到过铺道蚁用土粒完全覆盖住一整颗桃子，形成小山包一样的结构。那这些覆盖的土粒有没有可能形成类似35号标本的结构呢？

一颗几乎完全被铺道蚁掩埋起来的桃子

我决定试验几种蚂蚁。在我工作的单位的院子里，有草地铺道蚁、宽结大头蚁、掘穴蚁、玉米毛蚁等蚂蚁，它们的巢穴兴盛，是很好的模拟实验材料。

蚂蚁有时候也会用土粒建造一些掩体，但通常都不会太长，也不形成网状结构。上图是玉米毛蚁建造的

我从菜市场买来了整根的

鸡翅和鸡爪，然后将它们稍微切段，放置在不同种类蚁巢的周围。然后，我就游走在这些巢穴之间，观察它们的行为。

行动最为迅速的还是草地铺道蚁（*Tetramorium caespitum*），它们开始把土粒和小沙粒覆盖在鸡翅或鸡爪上，而其他蚂蚁都不太积极。蚂蚁覆盖土粒的过程非常随机，直到一层层将其完全盖住为止。这个过程，严格来讲，并不是筑巢的过程，而是掩埋的过程。其意义也可以想象——凡是没有被蚂蚁掩盖的那些鸡块第二天都不知所踪，我估计，是被老鼠、流浪猫或狗解决掉了。小昆虫就是这样，哪怕是拥有很多同伴的蚂蚁，在脊椎动物面前，仍然处于绝对的劣势，如果不把食物藏好，很快就会被抢走。

在这个过程中，我看不到构筑通道的过程，更不要说通道系统了。它们的意图只是单纯地要把食物盖住而已，只要力所能及，食物有多大，覆盖的面积就有多大。而且，它们的覆土非常松散，很难支撑起薄壁的通道，也不太可能经过了漫长的历时后变成化石保留下来。

所以，最终，我们还是要把目光投回到白蚁的身上来。

缺失的信息

随着不断查阅资料，了解同行的研究方式后，我们很快意识到，我们的化石缺失一些重要的信息 —— 化石表面的一些痕迹已经在技师修理化石的时候被无意识地处理掉了。

在古生物从骨头变成化石的过程中，会发生很多事情。如果自然或意外死亡的恐龙尸体没有被洪水、泥石流等立刻掩埋，它巨大的肉身就会暴露在地面上。嗅觉灵敏的食腐昆虫等小型无脊椎动物将马上循着气味到来，它们会钻进肉里产卵，期待幼虫能丰衣足食地成长起来，但是它们的小算盘多半不会得逞。因为那些体型超出它们无数倍的肉食恐龙很快就会赶来。它们甚至懒得驱赶这些微小的访客，把虫卵、小虫连同大块的恐龙肉一起吞到肚子里，转化成自己的能量。大型肉食恐龙离开后，那些更小的肉食恐龙终于壮起胆子凑了过来，剩下的那些残羹冷炙，也足够它们大快朵颐了。而肉食恐龙在“啃骨头”的时候，往往会给骨骼留下第一道印记 —— 齿痕。有的时候，由于用力过猛，个别牙齿还会折断在猎物的骨骼上。所以，如果化石保存得非常完好，古生物学家便可以在部分化石的表面发现齿痕。

当最后一块恐龙肉消失，食腐恐龙终于恋恋不舍地离开了。最初被驱赶的那些小型节肢动物们再次回到骨架上攻城略地，或产卵、或舔舐剩下的血肉和油脂。其中一些拥有锋利的上颚的家伙，能在骨骼表面留下咬痕，甚至蛀食出孔洞。这些生物遗迹也可能保留下来，形成骨骼化石表面特殊的结构。

最后，当所有的血肉、油脂被舔舐一空，而且在没有喜爱敲骨吸髓的家伙存在的前提下，动物们才终于对留下的森森白骨失去了兴趣。但这并不代表着骨骼上不会再留下点什么：大型动物可能会不小心一脚踩到骨头上，将其踩断或使之变形，留下踩踏迹；骨头可能在被搬运的过程中被岩石割伤，留下划迹；如果是在潮湿的地方骨头还会发霉，真菌的菌丝会深入到骨头中去，破坏骨头的结构，留下痕迹；埋在浅层土壤里的骨头还可能要面临植物根系的围剿，留下根系的压痕。总之，骨头在有幸变成化石之前，饱受磨难、伤痕累累。

从35号云南龙埋藏的状态看，骨骼保存相对完整，也没有剧烈的划痕和破碎，说明35号标本的骨头没有经过长距离的搬运和“蹂躏”，属于“受苦”较少的原位埋藏。所以，理论上，是有可能留下更多表面信息的，比如，当年昆虫啃咬的齿痕。

这些齿痕可以使我们的证据更加充分——就在我们的研究进行时，国外同行在恐龙骨骼化石上发现了疑似白蚁啃咬骨骼留下的划痕、小坑等结构。如果能在我们的化石表面找到这些信息，与那些学者的研究进行比对，就有可能得到有用的结论。

但是，这将注定是一个奢望。这些痕迹通常在化石表面都很浅，而在修理大型化石的时候，技师相对粗放，在去除围岩的时候，这些小痕迹早已被破坏，除非之前他们就被告知要留心。然而，技师并非敏锐的古生物学家，他们之前并不知情。骨化石表面的遗迹化石都被直接修掉了，我们又怎么能奢望这些细微的痕迹被保留下来呢？

我们必须另辟蹊径，去寻找其他证据。

阴影中的噬骨者

接下来，就是寻访白蚁，观察它们的巢穴了。

与蚂蚁相比，白蚁有更多的理由去搭建通道。它们的体色浅、体壁薄，畏光怕干，必须生活在阴影中。在地面上，它们要么夜晚出来活动，要么就必须构造掩体来保护自己免受外界不利因素的影响。

这些小家伙正是用唾液、粪便及泥土制成的“白蚁混凝土”作为建筑材料构建巢室的。它们走到哪儿，在哪儿活动，就必须把掩体盖到哪儿。从外观上看，35号标本的遗迹化石的形态像极了我们在木料、管道上看到的白蚁掩体通道。而从尺寸上讲，35号标本的遗迹通道的直径范围在0.2～2.2厘米，而白蚁通道的直径至少为0.1～5.0厘米，同样吻合。

遗憾的是，虽然我们多方寻找，找到、拍到了不少白蚁巢穴，但我们并没有见到白蚁在骨头上构建的通道。我们选了几种中国本土的白蚁，把骨头丢进去，它们也没有搭建通道或者觅食。

我们还需要寻找更多证据，而剩下的路子就只能是查阅更多的文献，看看同行们曾经有过哪些发现了。

虽然我们前文已经提到了有同行在化石上找到了疑似白蚁咬痕的结构。然而，那只是推测，并没有在骨骼上找到白蚁化石作为佐证。事实上，那非常困难，因为白蚁的身体非常柔软，很难保存为化石。我们需要在现代找到证据，找到活的白蚁啃食骨骼的证据，那这个推断才更有说服力。

首先的突破是来自《自然》（*Nature*）杂志的短文，我想很多人都知道，这是一本在科学界享有盛誉的杂志，如果能在上面发表文章，那是很有成就感的事情。我们差不多上溯了100多年，找到了它在1911年报道了白蚁啃食人骨的现象。然后，结合其他文献，我们了解到白蚁既啃食干骨头，也不会放过新鲜的骨头，甚至能将一块骨头啃食殆尽。但是，白蚁在骨骼上做的巢是什么样子的呢？和在木头上、水泥上形成的通道类似吗？和我们的标本类似吗？这些报道没有可以借鉴的照片，还要继续寻找。

最终，我们在一本研究大象的书中找到了大象在死后，被白蚁啃食骨骼的照片。骨骼上的那些通道，和我们的样本像极了。这是一个非常让人振奋的突破。

接下来的问题就是，整合资料，寻找它们具体相似在哪里，有什么共同点，找出识别白蚁巢穴的形态学特征，然后，与我们的35号标本进行比对，最终得出结论。

关键的形态证据

我们仔细观察了各种白蚁的通道，查阅了诸多文献。事实上，我们确实翻阅了足够多的文献，前前后后加在一起，应该不会少于五百篇。不，我觉得可能更多，因为到了最后，我们已经找不到没有读过的相关论文了。这个成果的发表命运多舛，充满了挑战，逼迫我们完善所有的事情，我在后面会详细提到，这是我们研究生涯中，最艰难的一次挑战。

35 号标本肠骨上的遗迹

我们找到的第一个特征，就是这些遗迹通道的分叉形式。你可以把遗迹通道和交通道路类比，如果形成一个公路交通网，那少不了有很多岔路。在遗迹化石上，有的岔路都有一个特征，是“人”字形的，或者也可以用英文字母“Y”来表示。也就是，所有的岔路都是一条路分成两条路，不存在十字路口。然后，遇到下一个路口，还是这样分支，最终形成一个覆盖性的网络。这是一个非常鲜明的几何特征。而目前已知的，可以构建这种类型通道的恰好就是白蚁，而且只有白蚁。这种通道结构可以增加覆盖面积，是理想的觅食通道结构。虽然有报道说一些蚂蚁物种在觅食的时候也会采取类似的路径，但它们不这样搭建通道——它们不怕光，没有必要修筑这样的觅食路径，而且它们由于缺乏制作“混凝土”的能力，它们的堆土技术也无法在坚硬的物体表面建造起大的通道系统。

可以这样说，白蚁也是在通过自组织的形式构建它们的觅食通道，每一个“Y”形的通道都是一个标准元件，它们延长通道，然后在需要分叉的地方安装一个元件，从而实现网络的扩展。这很符合社会性昆虫的思路，这使得这些没有多少智力的小家伙也足以建造出庞大的网络。

白蚁在树木上建造的通道（图虫创意）

我们找到的第二个特征，就是一种特别的“立交桥”结构。你可以想象一下或者画一下，如果从一点出发，以“Y”形向外扩展网络的话，总有一部分内部的通道是有可能相交的。那在这种情况下，白蚁会怎样做？它们会把原来已经搭好的通道拆开一道口子，然后和新的通道合并吗？如果是我们人类构建交通网或者隧道，你很可能会看到一个十字路口和红绿灯。

但白蚁不会，一次也不会，除非原来的通道已经破损，否则，它们会在原来通道的顶上再构筑一个通道，把原来通道的顶部作为新通道的地板，然后，就像立交桥一样，跨过去。当然，不悬空。这真是一个鲜明的特色。

令人振奋的是，我们的遗迹化石也是，每一次相交，都是一个“立交桥”结构，没有例外。

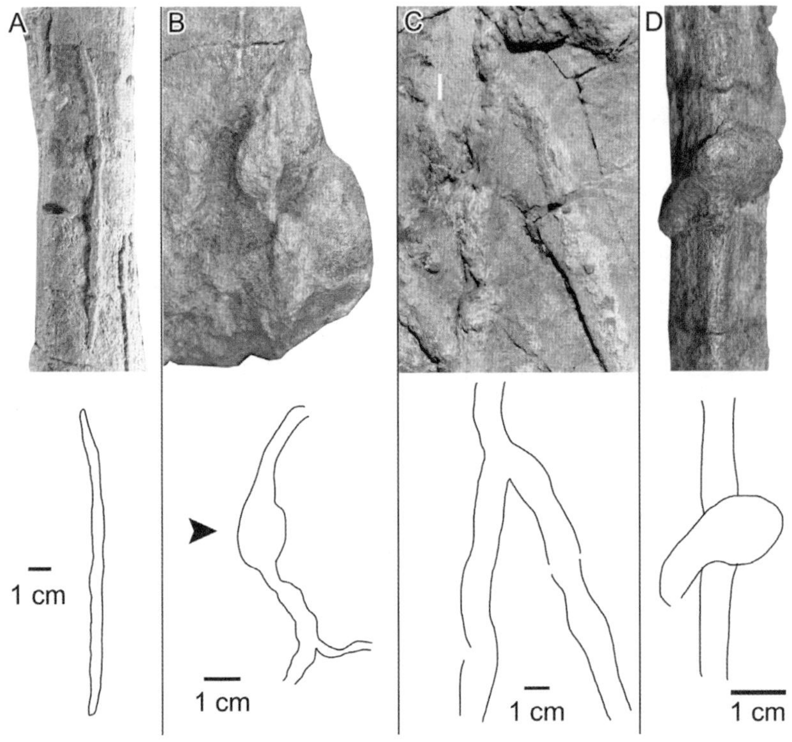

遗迹四种典型的结构：A. 长形遗迹；B. 带有一个膨大小室的遗迹；C. “Y”形分叉；D. “立交桥”结构

剩下的最后一个问题就是，白蚁在侏罗纪早期是否存在?

尽管白蚁被公认为是最早的社会性昆虫，但是最早的白蚁身体化石却发现于白垩纪早期。当然，这并不意味着白蚁起源自白垩纪，因为在早白垩世的亚洲、美洲和欧洲都有白蚁化石发现，这样一个全球性的分布暗示着白蚁很可能在更早的时候就已经出现。而且，由于白蚁体壁薄、身体柔软，形成化石极为困难，现在的化石记录也不足以推断白蚁进化的时间上限。此前，有科学家根据大陆漂移理论来推断白蚁的形成年代，认为其出现时间在二叠纪晚期到三叠纪早期之间。1995年，学者就曾发现过疑似白蚁巢穴的三叠纪晚期的遗迹化石，但这个发现还存在争议。

如果从演化的角度来讲，即使遗迹的主人不是现代白蚁，我们也有理由相信其可能与白蚁有关。这是因为白蚁的演化关系在最近被重新理顺，今日的白蚁已经不再被看做单独的一个生物类群了，现代研究表明，白蚁和蜚蠊（也就是蟑螂）的亲缘关系极近，白蚁应该视为社会性的蜚蠊。因此，其原来的分类单位“等翅目”已经被撤销，被归入了蜚蠊目，后者可是自古生代就已经存在的古老昆虫类群，即使不是现代白蚁本身，任何由独居蜚蠊向白蚁演化的过

白蚁啃食恐龙尸体复原图（刘毅 绘）

渡物种都有可能是此遗迹的主人。

事已至此，已经基本真相大白。于是，我们可以将当年的场景还原：

在那只云南龙被其他食腐动物吃得只剩骨头的时候，骨架附近的一窝白蚁（或白蚁的先祖）终于开始行动——用唾液搅拌泥土，开始建造“掩体”。夜晚它们在骨架的表面活动、取食，白天则躲在“掩体”里面继续生活，直到突如其来的变化将它们的巢穴连同骨架一起掩埋。之后，又历经了亿万年，那些原有的成分被矿物质替代，成为了今天的遗迹化石。

在故事的最后，我们为这类以前从未发现过的遗迹起了一个新名字，叫“饕餮迹”（*Taotieichnus*），希望遗迹的主人当年有个好胃口。

艰难的投稿

研究到此，工作似乎已经完成，然而接下来仍然充满挑战。我们需要撰写论文，将这个成果在学术刊物上正式发表。

首先，先让我们来梳理一下我们有哪些证据可以证明这事是白蚁做的：

1. 化石和化石切片显示这是一种生物造迹形成的巢穴“建筑”。

2. 我们排除了在骨骼上有可能造迹的其他造迹者，它不可能是脊椎动物或者甲壳动物，也不是其他常见的造迹昆虫。

3. 通道的粗细变化暗示这是一种社会性昆虫。

4. 我们重点排除了蚂蚁的可能性，可能性最大的只剩下了白蚁。

5. 白蚁有用“混凝土”在坚硬物体上构筑通道的习性。

6. 确实有一些白蚁分解骨头。

7. 白蚁构筑相同的“Y”形分支，并且同样构筑“立交桥”结构。

8. 那个时候应该有白蚁，至少应该有白蚁的祖先。

然后，对我们不利的有：

1. 化石表面的细节痕迹在修复时已经遗失，因此无法提供更多的佐证。

2. 白蚁很难形成化石。在遗迹化石周围，没有发现伴生的白蚁化石。

两相比较，我们认为我们的论据还是比较充分的。在不利的情况中，没有能够确实否定我们结论的东西，而有利的证据是足够强的。所以，我们开始组织语言，撰写论文。

必须承认，在撰写论文方面，非英文母语的人是会吃很大亏的。尽管费尽心思，人家仍然一眼就能看出你是个“老外”。即使你的团队里有英文母语的人也不行，因为他只能在一定范围内修改，而不能把整篇文章重写一遍。但是，这种论文也确实不能发中文，因为，国内真没有几个人在做这个研究，一旦发了中文论文，多数同行都看不到了。事实上，每一个国家，都没有几个人在做相关研究，因此，所有的人都必须尽可能发英文论文，这样大家才能都看得懂。这就是目前在学术领域方面我们的语言劣势，如果我们能再强大一点，让他们都来读中文，那该多好啊。事实上，我一直认为中文是世界上最美妙的语言之一，它拥有比字母语言更多的组合方式，从而使它在今天这个词汇爆炸的时代仍然拥有足够的扩充潜力。而且，你只要看一眼这个术语，哪怕你第一次接触这个领域，你也能把这个词的意思猜出几分。望文生义，降低理解门槛，确实是中文强大的地方——尽管英文单词也有字根组合，但它仍然无法与中文相比。

然而，现在，我们必须用英语，以便让国际上寥寥几个同行能够看到。

一个领域足够冷门，研究的人少，通常情况下，我们不指望发在特别高大上的学术期刊上。不过，小众领域发表论文也有个好处：同行彼此之间会认识、了解，形成一个小圈子，平时可以通过邮件讨论问题。到论文投稿的时候，杂志请来的审稿人往往也是那几个同行。因为学术杂志的编辑不是万事通，很多时候，论文靠不靠谱，他们不知道。所以编辑要请审稿人来评估你的工作，给出靠谱或不靠谱的判断。在小圈子里，大家以相同的方式工作，同行也了解你的工作和水平，审稿这一关也会相对容易通过。

然而，遗憾的是，在无脊椎动物遗迹领域，我俩在圈外，是萌新。没人知道我俩是谁，我俩谁也不认识，论文写作也是摸着石头过河。

虽然我们邀请了一些其他共同作者，甚至不乏杰拉德 · D.哈里斯（Jerald D. Harris）、徐星、董枝明这样的古生物大咖，他们也是邢立达的老师，但是，多数人的研究方向都不是古遗迹学，也不了解这个领域的研究方法。所以，在古遗迹学家们眼里，大概的状况就是，一群外行用蹩脚的英文弄了一篇似乎很有创意（不太合乎行业规矩）的古遗迹学论文——这帮外行，靠谱不？

于是，我们开始在不断的投稿、审稿、退稿中挣扎，并且不断完善这篇稿子，前前后后大概改了有100多个版本。这个过程中，我很感激一些审稿人，他们提供了很中肯的意见。不过我也遇到了一位审稿人，他的审稿意见看起来有点傲慢，并且似乎并不太了解动物的巢穴，他给了不太好的评语，并且提出了一些诡异的问题和建议。我为此专门写了一封驳斥他的信，然后，当然就没有下文了……

事情终于在艾瑞克·罗伯茨加入后有了转机，不只因为他是圈内人，更是因为他在这个领域内确实要老道得多。再加上杰拉德·D.哈里斯等老一辈古生物学家的帮助，论文的发表终于不再磕磕绊绊了。2013年8月，这篇文章在《古地理学，古气候学，古生态学》（*Palaeogeography, Palaeoclimatology, Palaeoecology*）刊发，也完成了我们在古遗迹学领域的首次亮相。对于一个冷门中的小众领域，这个结果还算不错。

至于对我而言，只要这是个有意思的故事，那就足够了。

骨头上的奇怪小坑

在浅浅的河滩旁，一头川街龙已经死去了很久，它的肢体七零八落，血肉被啃食干净，甚至那些残肉都已经几乎被食腐的昆虫吃净，只剩下薄薄的肉皮贴附在暴露出的森森白骨上，逐渐风干。现在，还剩下最后一批居民，一些已经吃得圆圆滚滚的幼虫。

它们已经完成了最后一次蜕皮，正四处寻找着可以藏身的地方。它们用尖锐的牙齿啃食出一个个椭圆形的小室，钻进去，然后又小心地用一些碎屑将入口堵住，在这里，它们将变成蛹，睡上一觉。一段时间之后，它们将以完全不同的成虫样貌，离开这里，飞向蓝天寻找伴侣，完成生命的轮回……

川街龙的尾巴有坑

饕餮迹正式发表的时候，立达已经硕士毕业了，准确地说，他在2012年8月就已经毕业了。按照之前与导师的约定，立达将在阿尔伯塔大学继续攻读博士学位。不过，2011年，国内发生了一些针对他的炒作事件，甚至还威胁他的家人，这对特别爱惜羽毛的立达而言，是莫大的伤害，远在海外的他心急如焚却鞭长莫及。他决定回国完成博士学业，最终在中国地质大学（北京）拿到了博士学位。

在他读博期间，我们又找到了第二个有趣的遗迹。这组遗迹，在川街龙（*Chuanjiesaurus*）的尾巴上。

在具体介绍这个遗迹之前，咱们先来说说川街龙。这类恐龙定名于2000年，模式种是阿纳川街龙（*Chuanjiesaurus anaensis*），我们这具化石正是这种恐龙。它们的成年体都是大家伙，是货真价实的大型蜥脚类恐龙，它们有长长的脖子和尾巴，还有粗壮的四肢，体长可以超过20米。川街龙生活在侏罗纪中期，因为首先在云南省禄丰县川街乡发现而得名。

从具体种类上来说，最初川街龙被归入了鲸龙类（Cetiosauridae），但后来又归入到了马门溪龙类（Mamenchisaurideа）中。这个类群中有不少恐龙明星，比如建设马门溪龙（*Mamenchisaurus constructus*）、合川马门溪龙（*Mamenchisaurus hochuanensis*）和中加马门溪龙（*Mamenchisaurus sinocanadorum*）等，这是我国最具代表性的长颈恐龙类群，也是我国最大型的恐龙类群。其中，中加马门溪龙更是以近35米的体长成为世界最大型的恐龙之一，而18米的颈部长度更是让它成为脖子最长的恐龙。马门溪龙类的特点就是脖子长，脖子的比例在整个长颈恐龙中都是最突出的。这些长长的脖子并不太灵活，不过它们可以像起重机一样把脑袋送到高处去，以便能吃到树木上的叶子。2015年，立达曾经命名了一种名为果壳綦江龙（*Qijianglong guokr*）的恐龙，也是马门溪龙类，大概15米长，算是中型，发现地点为重庆市綦江区。稍后，我们还会再次提到这个地方。

现在，来说说我们这具标本。这具标本的编号为 ZLJ0121（我们可以简称它为121号标本，这样似乎容易记住得多），1995年发掘自云南省禄丰县，和上一个故事里的云南龙一样，还是禄丰盆地，不过这次它是来自沉积岩的上层中的川街组地层，地层位置属于中侏罗世，换个说法，就是侏罗纪中期。毫无疑问，也是陆相沉积。

121号标本包括了6节尾椎，分别从1到6进行编号——你可不要以为我们轻易就能挖出完整的恐龙化石。事实上，很多大型恐龙的骨架都不太完整，经过了漫长的地质历史，会丢失很多东西，恐龙的骨头也一样。至于你在博物馆里看到的那些完整的恐龙骨骼装架，那未必来自同一条恐龙，甚至未必全是真的化石。不过，你至少能因为这些“作弊”而看到骨架的全貌，对这种恐龙有一个大致的了解。在这6节尾椎里，有两节是有遗迹的，它们的完整编号分别是ZLJ0121-3和ZLJ0121-4。

我们在3号和4号尾椎上，一共找到了大大小小、深深浅浅的6个小坑，形态还不太统一。我们依次将它们暂时编号为T1—T6，“T”是遗迹“trace”的首字母。3号尾椎上有3个（T2—T4），都在一侧，其中，T3和T4是连在一起的;4号尾椎上有3个（T1,T5和T6），在两侧。

之前，在修理化石的时候，这些坑曾被认为是肉食性恐龙的齿

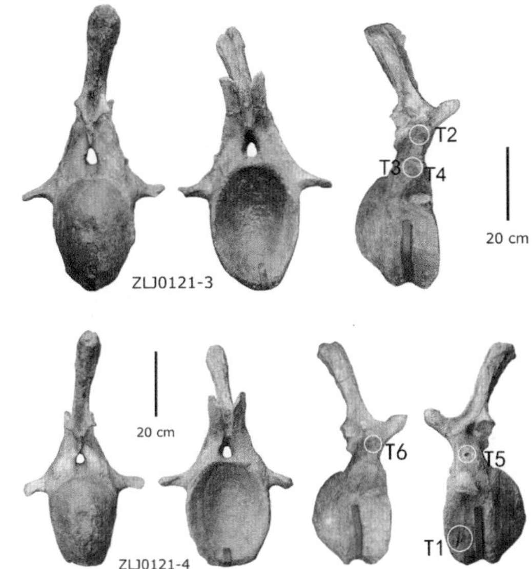

3 号尾椎骨的各个角度，以及上面的遗迹，T2—T4

4 号尾椎骨的各个角度，以及上面的 3 个遗迹，其中，T6 遗迹最典型

痕。一条大型食草恐龙被食肉恐龙的血盆大口咬住，然后留下深深的齿痕，这很热血，也很带感。这样的事情确实发生了不少，曾经有人报道过被食肉恐龙掰断了一只角的三角龙（*Triceratops*），说不定是霸王龙（*Tyrannosaurus rex*）干的。霸王龙被认为是三角龙的天敌，它们吃三角龙的时候，可能也非常带感——它们也许会用巨大的嘴巴咬住三角龙的头盾，用脚踩住三角龙的身体，然后一下子把三角龙的脑袋扯下来，这样就可以把那个到处是刺、讨厌的、影响进食的三角龙脑袋甩掉……食肉恐龙的力气很大，特别是在前

肢没多大用的时候，它们的脖子和嘴巴都被强化了，力量惊人。它们的牙齿不止能够嵌入猎物的骨头里，造成伤痕，甚至在扭动的时候还会折断在猎物的骨头里。立达之前也曾报道过这样的一个案例。

但是我细致检视了这些小坑，情况并非如此。如果是食肉恐龙牙齿的齿痕，它起码要和食肉恐龙的牙齿匹配。食肉恐龙的牙齿是什么样的呢？起码是牙根部粗一些，尖端很锋利的状态。这样的牙齿造成划痕，应该是越深的地方越窄，而越浅的地方越宽，而且划痕通常要比较直，往往会形成一道痕迹。而由于着力的问题，在这一道痕迹上，初始的部分和结束的部分往往应该是比较浅的。

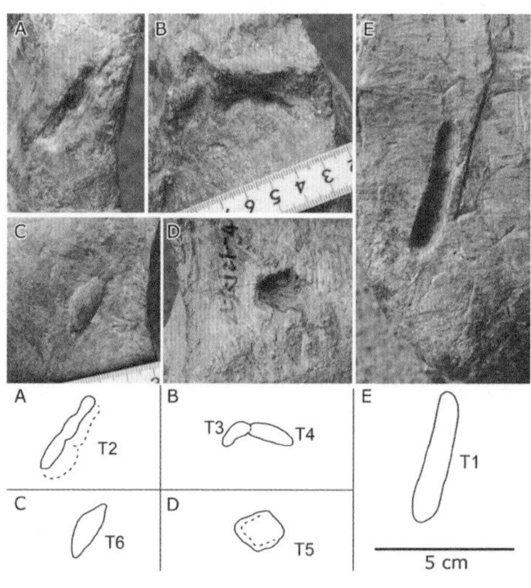

川街龙尾椎骨上的6个遗迹

但是，眼前的遗迹不是这样。它们，是纯粹的坑。而且，如果细致观察的话，你会发现其中有些坑的边缘是非常圆滑的，最典型的是4号尾椎下面那个长条的坑（T1），它看起来非常完美，有点像一个拉长的胶囊，当然，是凹进去的。

还得考虑昆虫

实际上，我第一眼看到这个遗迹的时候，心里差不多就有了答案，T1的造迹者应该是昆虫，而且是完全变态发育的昆虫。好吧，实际上，每次我在课堂上提起“变态发育”这个词，差不多都会引起哄笑，如果前面再加上“完全”两个字，那就更热闹了。但是，事实上，变态发育，在整个动物界，是非常常见的现象。

所谓的变态发育，指的是在出生后，幼体和成体在生理结构和行为习性上差距都比较大，而从幼体变成成体的过程中会经历短暂的“变形”过程，“跃迁”成另一种生活模式，甚至有的时候给人的感觉甚至达到了幼体和成体似乎是两种完全不同的生物的程度。

比如青蛙等两栖类动物从幼体蝌蚪，到四足的成体，从用鳃呼吸，到用肺呼吸，这样的变态发育已经为我们所熟知。

但事实上，包括海绵动物、腔肠类动物、扁形动物、纽形动物、环节动物、节肢动物、软体动物、棘皮动物、半索动物和尾索动物在内，甚至部分鱼类都存在变态发育，这几乎包括了所有“相对低等”的动物类群。

生物在不同的发育阶段、不同的体型状态下可能会遇到不同的问题。通过变态发育形成、改变或退化一些器官或者机能，对于改善生存条件、躲避天敌及增强运动和捕食能力都是有利的，是在自然选择下产生的一种适应性进化。

白带锯蛱蝶（*Cethosia cyane*）的幼虫（左）、蛹（中）和羽化的成虫（右）（图虫创意）

昆虫也是如此，而且它们的变态发育更是花样繁多，大致可以分成增节变态、表变态、原变态、不完全变态和完全变态五大类，在不完全变态里还可以分成半变态、渐变态、新变态等各种变态……

这些概念过于细致繁杂，如果粗略说的话，不完全变态和完全变态是最常见到的，它们是有翅昆虫的主要发育方式。

比如蝗虫、蟋蟀、螽斯（如蝈蝈）、蜻蜓、蝉等都是不完全变态发育。它们的幼体（若虫）和成虫的生活习性接近，只是幼体体型较小，生殖器官和翅没有完全发育。蜻蜓等在水中生活的幼体用鳃呼吸，也称为稚虫。

而甲虫、蝴蝶、蛾子、蜂类、蚊蝇、蚂蚁等都是完全变态发育昆虫。这种发育则要经过卵、幼虫、蛹、成虫四个阶段，幼虫与成虫的栖息环境和食性往往有显著不同，形态上也有明显的差别。在这种发育模式下，“面目可憎”的毛毛虫，最终变成了天空中的花蝴蝶。蛹是从幼虫转变为成虫的过渡状态，昆虫学家通常称之为“蛹期”，这时候，它们不吃不动，体内却在经历着巨大的变化。

通常，幼虫会在进入蛹期前精心准备一个可以安全睡觉的地方。

很多幼虫会吐丝，做成一个可以保护自己的茧子。我们最熟悉的莫过于蚕了，蚕茧的丝被抽出来，可以再编织成丝绸，这是非常具有我国特色的服装原材料。我小时候在四川省达县（今达州）的时候，家附近的仓库里有纺织厂存储的蚕茧，我们这些娃偶尔能在门口捡到几个，就会兴奋上好久。后来到了河北，有时会有带着茧子来我们小区门口卖丝绸的商贩，我曾兴致勃勃地要过两个（本来是想买两个，人家直接就送了），拿给女儿，让她体会我们当年的快乐。

另一些幼虫，则是在土里或者进食的地方，挖出一个形状类似的蛹室来。

你看，遗迹化石 T1 是不是很像这样一个形状？而它的测量尺寸是47.6 mm 长，9.6 mm 宽，确实可以躺进一条虫。

Ichnogenus *Cubiculum*

我猜你看到这个小节的标题的时候，一定是懵懵的，多数人会弄不懂这两个单词，哪怕可能你已经学了很多年英语——后面那个单词也许会眼熟一点，但它居然是奇怪的斜体印刷。当然，这并不代表我对自己的英文水平有多自豪。事实上，我的英文水平离地道的英语还差得远。只是因为我们的领域足够小众，小众到哪怕是普通生物学家，也很少接触到这些术语。

所以，请允许我在终于有人在看古遗迹学的大众读物时，怀着激动的心情卖弄一下有关的知识。我希望您能耐着性子看完，因为通过后面的内容，您会对古遗迹学乃至整个生物学的分类方式有所了解。

让我们先从“Ichnogenus”开始。“ichno–”是“遗迹”的字根，比如“ichnofossil”就是它和单词“fossil”（化石）组合，形成了“遗迹化石”这个科学名词。而“genus”则是分类学里“属”的意思。

你可能听过“生物分类学”的说法，事实上，生物分类学是整个生物学的基础之一。通过它，科学家可以将超过100万种的已知生物分门别类地进行整理，从而使我们找到不同物种之间的内在关联，并且使生物学各个领域的研究思路大为简化。

为了使归类工作变得有条理，分类学家们创造了大大小小不同级别的单位，其基本单位从大到小依次是域、界、门、纲、目、科、属、种。

这就好比大小不同的篮子，分类学家先把生物放进某个大篮子里，然后再把这个大篮子里的东西进一步归档到一系列更小的篮子里，然后，依次归档。所有归档都依据生物间的相似度进行，最好是能够依据演化关系。换句话说，就是亲缘关系越近的生物会被装进越小的篮子里，亲缘关系越远的生物，彼此之间隔着的篮子就越多。

这样的好处就是，当我们对一种生物进行了研究以后，我们就可以大致推定，和它处在同一个篮子里的生物有极大的可能也具有类似的特征。这能使我们在研究一个新的物种材料时能够更快地拟定研究思路，减少重复工作量。同时，我们也更容易去寻找某一种生物的替代品。而当我们对较大的类群进行研究的时候，我们又可以从比较大的篮子里去分别抽取样本，从而使我们的研究在尽可能少的取样条件下，具有足够的覆盖性和代表性。

在生物学里，这套分类系统被称为林奈系统，由一位名为卡尔·冯·林奈（Carl von Linné）的博物学家发明，并且在经过修订之后传承至今。今天林奈系统依然被视为最有效的分类方法之一，遗迹学也沿用了这套科学的分类方法。

但是，遗迹学的科属和生物学的科属是两套系统，或者说，两者无法互相包含。这也相当好理解：因为遗迹学所发现的遗迹数量非常有限，并且很多还弄不清楚造迹者到底是哪种生物。在这种情况下，当然无法很好地融入生物分类系统里去了。

事实上，遗迹学本身也没有很好地形成自己的系统。在这种情况下，我们会给遗迹学的分类单位取一些单独的名字，比如“ichnogenus”表示“遗迹属”，与生物学的“属”相对应。我们之前命名的饕餮迹，就是一个属名，写法是“*Taotieichnus*”。

注意，在分类学上，一旦出现属名和种名，是要用斜体印刷的，并且，属名首字母要大写。所有的名称，严格来讲，并不是英文，而是拉丁文，后者是多数欧洲语言的古语。但你在不会念拉丁文的时候，可以按英文的发音规则来读它 —— 毕竟越来越多的人已经不会说拉丁语了，于是大家都在这么干。而且很多情况下，同一个名字，我在不同人的嘴里听到了不同的读法，似乎大家都在按自己喜欢的方式发音。

在遗迹学上，很多情况是，遗迹种已经被归入了某个遗迹属里，但是这个遗迹属上面的遗迹科还没有影子。但这并不妨碍我们先建立一些遗迹属。只要将来我们获得越来越多的遗迹属，总有一天，会有建立一个更高级分类阶元的机会。其他的分类阶元也是，整个系统会随着科学家的研究进展而慢慢完善。

我们这个小节里提到的遗迹属*Cubiculum*就是这个情况，它由罗伯茨等人在2007年定名。罗伯茨就是我们在之前的饕餮迹研究里提到的那位科学家。他参加了很多杰出的工作，包括之前南非的一个重量级古人类学发现——纳勒迪人（*Homo naledi*）。当时我曾向他请教过这个古人种有关的问题，并且在后来写了几篇有关的公众科学报道，其中一篇获得了“中国科普作家协会优秀科普作品奖”在2018年评出的短篇银奖，并因此获得了一个沉甸甸的、制作精良的奖盘，也是意外之喜，唯一遗憾并且庆幸的是，它有银色，但不是纯银制品，不然，我得羡慕死那些金奖得主。

至于*Cubiculum*的中文译名嘛……您觉得会有？我甚至严重怀疑这个词是第一次以古遗迹学术语的形式在中文图书中出现。“cubiculum”在英文里是地下墓穴的停柩室的意思，也就是盗墓贼历尽千辛万苦后的最终目标。但是它的拉丁语意没这么阴森，是小室、卧室的意思。而且在罗伯茨他们的定名论文中明确指出了，在这里指蛹室。所以，如果我们试着给它一个中文名的话，它应该翻译成“蛹迹属”。

当然，既然罗伯茨他们定名了蛹迹属，他们自然为它配备了第一个遗迹种，也就是这个属的模式种。所谓的模式，就是标杆，以后其他遗迹种在归入这个属的时候，都需要和这个种进行比对，看是否合适归入这个属中。这个种是*Cubiculum ornatus*（物种的名称由两个斜体单词构成，是属名+种小名的格式，种小名为形容词），我们可以根据种小名“*ornatus*”的拉丁语意“修饰的”将它翻译为修饰蛹迹。这个名字来源于这个遗迹种的特征——在那些小坑（蛹室）的内壁，有一些条纹样的装饰，估计应该是挖掘蛹室的虫子留下的齿痕之类的东西。

立达和我觉得，我们在川街龙尾巴上看到的这些坑，也应该作为某个遗迹种归入蛹迹属里。

大小不一的困局

罗伯茨他们在定名蛹迹属的时候，也给出了这个属的特征。首先，遗迹应该是在骨头上的侵蚀迹，中空，并且一直挖掘进入了骨质的内部。然后，从遗迹的形状上看，长度应该是宽度的2到5倍，这样才能出现蛹室的形状。最后，这些遗迹在分布上可以是分散的、密集的，或者在一定程度上有所重叠。我们的遗迹，都符合这些条件。

当然，最靠谱的还是干脆邀请罗伯茨参与到这个研究中来。不出所料，这位热心的科学家很乐意来帮忙添砖加瓦。而且，他还介绍了另外两位遗迹学专家加入进来，一位是南非的亚历山大·帕金森（Alexander H. Parkinson），另一位是阿根廷的塞西莉亚·皮罗内（Cecilia A. Pirrone）。

大家对我们将川街龙尾部的遗迹归入蛹迹属都表示赞同，并且通过了它的种小名“*inornatus*”。“in-”在拉丁语里代表否定的意思。

这让我想起了原来同一位芬兰朋友的网上对话——当然，我们用英语聊——那时我脑子短路，用了一个汉语拼音“en”想表示“嗯”的意思。事实上，我和一些英文母语的朋友聊天的时候偶尔也用过，他们似乎都能理解。但芬兰朋友那边却惊讶了，直接就问：“你懂芬兰语？”

我感到诡异。

然后，他向我解释，在芬兰语中，“en”代表否定的意思。我只能无声地流泪：咱只是想表示肯定啊……

我虽然不懂语言的演化，但我斗胆猜测，拉丁语里的“in”和芬兰语里的“en”有没可能存在一点关系？

但“*Cubiculum inornatus*”的含义可不是“不是*Cubiculum ornatus*”的意思，那这名字起得也太随意了。它的意思是“没有修饰”，因为川街龙尾部的遗迹内壁是光滑的、没有纹路的。所以，它的中文名可以是无修蛹迹。

无修蛹迹的模式标本，当然必须是T1了。此外，T5在外形上和其他几个遗迹有点不太一样，包括T6也是类似的情况，我们没敢把它们直接归类到无修蛹迹里面，尽管T6在尺寸上也是合适的。它们的地位存疑。

接下来，说说造迹者。推断造迹者的身份是进行古生物遗迹研究要解决的关键问题之一。

我们在介绍饕餮迹的时候已经提到过动物尸体被分解者利用的顺序了，首先是大型食肉动物或者食腐动物进食，然后是各色取食者。其结果，肉几乎被吃净，只留下里面的骨头和外面覆盖的皮毛。如果天气干燥，这些皮毛会变干，然后贴附在骨头上，连带残存的一些干肉，形成薄薄的一层。即使如此，尸体的分解也仍然没有完成，这些皮毛依然会吸引一些取食者，比如说一些昆虫。衣鱼和皮蠹都喜欢这样的食物。

先说衣鱼。我想你有很大的概率是见过衣鱼的，但你有可能不太认识它。它们喜爱衣物、书籍、谷物和中药材等环境，是微小的无翅昆虫，行动迅捷，在皮毛上活动的时候就像一条游动的小鱼一样。如果不考虑它的危害，这其实是一类很漂亮有趣的小昆虫。不过，衣鱼不是完全变态发育的，不化蛹。所以，和这些遗迹肯定无关。

事实上，同行们主要怀疑的是皮蠹这一类昆虫，它们的幼虫在外观上有点像衣鱼，但它们属于鞘翅目昆虫，也就是甲虫类，正好是完全变态发育，要经过蛹期。其中，白腹皮蠹（*Dermestes maculatus*）被认为是可以在骨头上啃出蛹室的。它们密密麻麻爬满骨头的样子看起来非常邪恶……但是，我们并不认为无修蛹迹的造迹者就一定是皮蠹虫。首先，在时间上有问题。尽管有研究认为皮蠹虫的化石记录可以追溯到三叠纪晚期，但是那个研究在时间上是有争议的，更广泛的观点认为最早的基干皮蠹虫类的化石记录应该在白垩纪晚期，比我们侏罗纪的化石要晚上不少。此外，关于皮蠹虫在啃咬骨骼形成蛹室方面，还缺乏更充分的证据，至少目前还没有详细的实验和观察记录。因此，我们虽然笃定造迹者是一种完全变态发育的昆虫，而且很怀疑是甲虫类，但我们不确定是哪种甲虫。

一种皮蠹虫的幼虫（图虫创意）

接下来，我们还面临一个问题，那就是，即使不包括T5和T6，其他4个遗迹在大小和深浅上看起来仍不太一样。但是假如造迹者是同一种生物，那么，它们的幼虫在相同的生活环境中，成长状况应该差不多。因此，它们如果老熟并化蛹，在相同材质上挖掘蛹室的话，形成的蛹室尺寸应该是基本一致的。但为什么会出现这种大小、深浅不一的情况呢？这个问题要如何来解释？

南非还有个洞

如果你细致观察的话，就会发现，对无修蛹迹来说，哪怕是最完美的T1，它其实也是缺了一点的。假如是一个完整的蛹室，它应该埋进骨头里，而不是像这样大门洞开。

因此，我们推测，在变成化石以前，骨头上还有一部分皮肉，而蛹室的其他部分是在皮肉中的。但是皮肉并没有被保存下来形成化石，生物造迹因此遗失了一部分。所以，我们只看到了一部分蛹室，也使得蛹室看起来变得大小不一了。

关于在蛹迹属下面定种的标准，我们也进行了讨论。在无修蛹迹之前，还有两个蛹迹种被定名了。它们分别是 *Cubiculum levis* 和 *Cubiculum cooperii*，后面这种是我们的合作研究者帕金森定名的。所以，是时候想想如何来界定不同的蛹迹种了，由于无修蛹迹的情况，我觉得用形状来定种并不可靠。

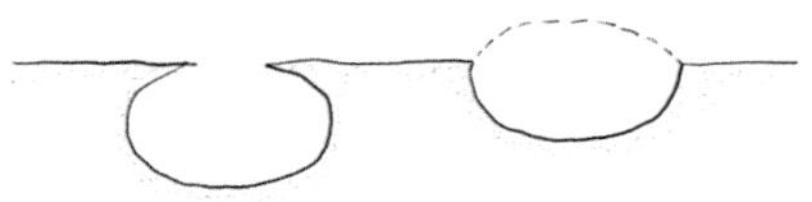

（左）一个完整挖入骨骼中的理想状态蛹室，（右）T1 实际上只是部分理进了骨骼，虚线代表缺失的那部分

（上）在当时，形成蛹室的状态，棕色部分代表骨骼表面残存的干燥皮肉；（下）形成化石以后残存的遗迹

关于这事，我想了好几天。然后，突然某一时刻，灵光一闪：最好是根据蛹迹的内壁来定种！

原因我在饕餮迹那里也提到过，就是昆虫用嘴巴挖掘骨头的时候，不可避免地要使用自己的上颚，而且它们挖掘的动作也有区别，这往往会留下比较独特的刻痕。所以，如果是刻痕相同的，那应该就属于同一种造迹者，应该归入同一个种。

然后，邮件群发。

对此，大家都支持，帕金森还挺兴奋，表示这是一个很好的想法。

到此为止，我个人觉得这个研究已经差不多了，也拿出了初稿。然而帕金森却表示，我们可以再加点料，让这篇论文更丰满一些。他的手里，正好有一个样品，一块同样来自侏罗纪的骨头化石，上面有一个洞。

这是一个贯穿了骨骼的钻孔，毫无疑问，也是虫迹。

接下来的问题就是，我们该怎样把这篇论文重新组织一下，把两个遗迹放在同一篇论文里。

最后，经过讨论，我们找到了这个点——最早的陆生无脊椎动物侵蚀骨的证据。从年代上来说，之前报道的蛹迹都比无修蛹迹要晚。之前的饕餮迹虽然要早一些，但是遗迹覆盖了骨骼，里面的情况并不清楚，虽然我们推测会有骨侵蚀，但至少目前并没有确切证据证明遗迹确实深入到了骨骼里面。所以，这个说法是站得住脚的。

其实，我和立达并不喜欢“最早”、“最大”等这样的提法，因为这都是相对而言的东西，随着研究的推进，它们很可能会被超越。有时候，我们也会觉得有点没意思。不过，我们暂时想不到更好的思路了。

帕金森非常勤劳，他描述了他的标本，增加了讨论部分。他还为这篇论文补充了一张蛹迹的地理分布图，讨论了大陆漂移的问题。我和立达觉得，帕金森做了足够的工作，应该给个“合伙人待遇”，于是，请他做了第二作者兼通信作者，立达和我分别作为第一、第三作者，其他作者按照贡献大小依次向后排列。这篇论文最后发表于英文学术刊物，也是 SCI 索引刊物《历史生物学》（*Historical Biology*）。

粪便还是住所?

夜幕降临了，大地陷入了黑暗，只有清冷的月光稍微能够照亮一些地方。窸窸窣窣，有什么东西在动！在一个不起眼的小角落里，一个小小的脑袋从洞里探了出来。它有一双小小的眼睛，浑身毛茸茸的，很像一只老鼠。现在，白天那些可怕的恐龙们都休息了，是它出来活动的时候了！它小心翼翼地探查四周，然后蹑手蹑脚地溜了出去……

尽管在这里生存危机四伏，但是它还是选择了这里。它不清楚为什么这里的小虫会比别处更多一些？地面是这样，在土壤里也是这样。所以，不爬出来寻找食物的时候，它就在土里挖虫吃。为此，它挖出了很长的隧道。但对它来讲，那都是可以承受的劳动强度，只要是能够填饱肚子，就足够了。

一截恐龙粪便？

作为一个科学票友，或许勉强算个兼职科学家，我并不指望自己的研究成果能够多么惊世骇俗，只要它能满足我的求知乐趣就好。事实上，我认为脑子里总想着搞出大发现、大成果之类的，不是应有的科学态度。而且，大发现也没那么容易实现。相反，踏踏实实地从细微处着手，才是科学研究起步的基本品质。

科研水平的提升，需要有一个过程。在当代，一个有大突破的人，通常他会在这个领域有一定的积淀，之前也应该会有一系列的小成果作为基础。虽然这个世界上确实存在可以直接在某个领域空降的天才，但他也一定受过基本的科学训练，而且，凤毛麟角。更多的情况是，我们会对自己的能力进行误判，高估了自己的实力或发现。而高估自我的原因，往往来自于自身见识的浅薄。当今的时代，能人辈出，能在一个小领域内有一立足之地，我已深感庆幸。

接下来的这件标本，来自四川省自贡市大山铺镇，样品编号

ZDM5051。在地层上属于下沙溪庙组，时间为侏罗纪中期。自贡也是举世闻名的恐龙之乡，主要产出侏罗纪时代的化石。在这里，出产化石的地层主要分成了两层，一层是侏罗纪晚期的上层，也叫上沙溪庙组；另一层是侏罗纪中期的下层，也就是我们提到的下沙溪庙组。

这组化石转交到我来研究的时候，已经被进行了初步的研究。这是一组长条状的化石，手臂粗细，但更长。它分成两部分，第一部分（ZDM5051－1）差不多1米长，直径6~10厘米；第二部分（ZDM5051－2）大约1.5米长，直径7~14厘米。两部分之间有交叠。整个外形看起来嘛，有点像什么动物拉出来的……乍看，特别像。

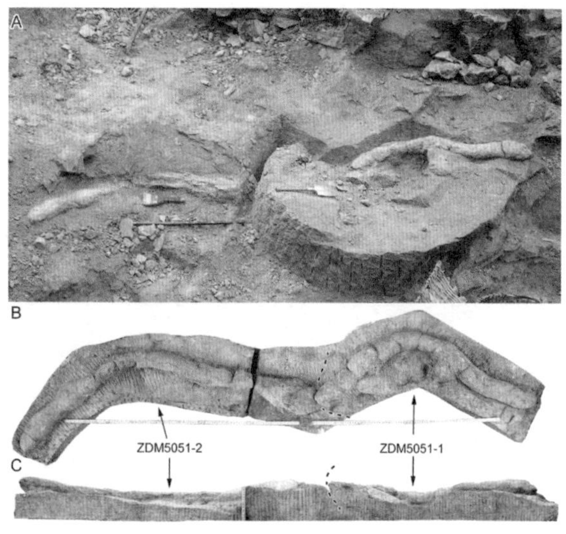

但是如果细看，我们仍然可以看到它与恐龙的粪便化石还是存在明显区别的 —— 它既没有动物粪便的颗粒感，也看不到食物残渣的痕迹。但是保险起见，这次研究的合作伙伴，自贡的恐龙学家叶勇老师和彭光照老师等还是做了认真的分析。

首先，是在普通光学显微镜和偏光显微镜下进行了观察。切片观察显示，标本由各种矿物组成，矿物成分以石英为主，同时有少量的长石、云母，偶见重矿物如锆石。在切片上没有观察到植物纤维或碎屑，也没有动物骨骼的碎片。这与恐龙粪便化石明显不同，如果来自恐龙粪便，没有理由不在其中找到食物残渣的痕迹。事实上，在国外发现的几种粪便化石的切片中确实发现了植物纤维或碎屑（植食性恐龙）或者骨骼碎片（肉食性恐龙）。

ZDM5051-1 标本的切片显微观察

然后是专门为化石做了化学分析，我们重点检测了SiO_2、Al_2O_3、CaO、K_2O、Na_2O、P_2O_5、CO_2等几种成分的含量。结果显示ZDM5051－1标本的主要成分为二氧化硅（SiO_2），占了43.50％，氧化钙（CaO）和氧化铝（Al_2O_3）的含量也较高，分别达19.25％和10.47％，但氧化磷（P_2O_5）的含量则非常低，仅有0.41％。但国外同行的研究显示，恐龙粪便的氧化磷含量应该是比较高的，而且远远高于周围岩石（围岩）中的含量。事实上，如果你逐项比较下表的数据，就会发现，它们成分的差异不止于此，甚至各主要成分都差异很大。

标本名称	成分及含量（%）				产地	时代
	SiO_2	Al_2O_3	CaO	P_2O_5		
ZDM5051－1	43.50	10.47	19.25	0.41	四川省自贡市大山铺镇	J2
肉食性恐龙粪便化石	5.54	1.55	48.84	19.25	阿根廷伊沙瓜拉斯特省立公园	T3
霸王龙类粪便化石	7.93	1.43	44.60	26.50	加拿大萨斯喀彻温省	K2
霸王龙类粪便化石	3.35	0.94	47.70	32.90	加拿大阿尔伯塔省	K2

所以，它不可能是恐龙粪便。

他们还将同产于大山铺镇的恐龙肋骨化石、典型球状沉积结核、围岩（砂岩）样品进行化学成分分析，得出了它们的成分含量对比表。

标本名称	成分及含量（%）						
	SiO_2	Al_2O_3	CaO	K_2O	Na_2O	P_2O_5	CO_2
ZDM5051-1	43.50	10.47	19.25	1.55	1.29	0.41	15.62
恐龙肋骨	3.16	1.02	51.30	0.02	0.16	17.44	16.69
沉积结核	27.23	5.47	32.50	1.07	0.93	0.14	24.79
围　岩	68.42	14.56	6.58	2.31	2.17	0.16	0.30

从表中我们可以看出，与同一产地出土的恐龙骨骼化石、沉积结核和围岩相比较，其主要化学成分的含量正好介于围岩和沉积结核之间，而与恐龙骨骼化石差异非常大，说明它并非骨骼化石，但也不是完全天然形成的岩石。应该是遗迹化石。

这组化石另一个比较有意思的地方在于，它的埋藏位置离一具大型蜥脚类恐龙很近。然而很遗憾，它真不是这条恐龙的粪便。然而，它们两者之间，有没有可能存在一些关联呢？

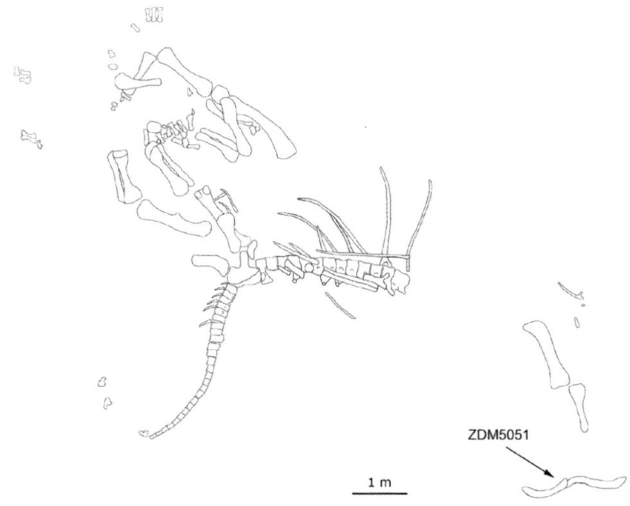

遗迹化石和恐龙骨骼化石的埋藏位置关系图

巢穴的主人

得益于饕餮迹论文的磨炼，我几乎没有费什么工夫就判断出了，这，应该是一个动物的巢穴，而且，洞穴的主人，应该是一个四足动物。

让我们先来说说四足动物。如果从字面意思来说，把四足动物说成有四条腿的动物也没有太大问题，事实上，在陆地上生活的脊椎动物，不论两栖动物、爬行动物、哺乳动物抑或是鸟类（鸟类的翅膀与其他陆地脊椎动物的前肢同源），绝大多数都可以算作四足动物。

我的判断依据，首先是遗迹的大小——它的尺寸已经超过了昆虫等陆地无脊椎动物巢穴的尺寸，通常，无脊椎动物的巢穴直径不超过5厘米。对小虫子而言，ZDM5051这个洞穴的通道太过宽阔了。

其次，我还有一个关键性的证据，那就是遗迹的截面——它并不是圆形的截面，你可以从截面上看到它上部尖，底部向上凸起，似乎很像一个桃子。这说明，遗迹的主人，它的腹部是可以一定程度被抬起的。倘若是一个鱼形动物，不能支撑起身体，比如说有过多次洞穴遗迹记录的肺鱼，它的洞穴底部肯定是平坦的，绝不会有这样的凸起。

遗迹化石截面图

那它有没有可能是淡水螃蟹的洞穴呢？首先，螃蟹虽然可以抬起腹部，但它横着走……其次，螃蟹的螯肢非常尖锐，它们挖掘的洞穴表面会有螯肢留下的痕迹，形成的化石就带有那种尖锐螯肢的印痕。我见过不少虾蟹洞穴遗迹化石的照片，我们这组化石平滑的外表面与它们不同。

而且，还有一个有力的支持，这事也是有先例的，在南非和南极有两个类似的例子。虽然在这个洞穴遗迹中我们没有看到洞穴主人的化石，但是在南非的化石里，确实是找到过四足动物的骨骼化石的，造迹者是一只二叠纪和三叠纪之交的犬齿龙（*cynodont*）。所以，这个结论是站得住脚的。

接下来，我们要做的，是看有没有可能进一步推断出关于洞穴主人更多的信息。巢穴通道的宽窄将是一个非常重要的信息。一般来说，动物的体型应该差不多刚好能够塞进洞穴里。这是有进化意义的。如果洞穴太窄，它钻不进去；如果洞穴太宽，可能就不止它能进去了，体型更大的捕食者或者竞争者也可能会钻进去 —— 那就是一场灾难了。所以，这些动物的通道通常都是刚刚可以让自己钻进去的单行道，在洞穴末端的地方会有一个膨大的地方，在那里它可以转弯调头，或者干脆就是它的卧室。不过我们这个化石可能只是洞穴的局部，没有看到明显的巢室。不过，已经足够我们推断它们的体型了 —— 小型四足动物。通过与当代动物巢穴和主人的对比，我们认为，这个四足动物的体重在80克到410克之间，最有可能在200克左右。

接下来，就是要考虑它有可能是谁了。

我们可以从下沙溪庙组中蕴含的脊椎动物化石中去寻找。在这个地层，有丰富的脊椎动物化石出土，包括恐龙化石。恐龙中包括了蜥臀类（Saurischia）和鸟臀类（Ornithischian），此外还有翼龙类（Pterosauria）、龟鳖类（Testudines）、鳄形类（Crocodyliformes）、鳍龙类（Sauropterygia）、兽孔类（Therapsida）、软骨鱼（Chondrichthyes）、半椎鱼（Semionotiformes）、肺鱼（Dipnoi）和两栖类（Amphibia），等等。这其中，有两种动物进入了我们的视野，分别是自贡似卞氏兽（*Bienotheroides zigongensis*）和川南多齿兽（*Polistodon chuannanensis*）。

这两种动物都属于兽孔类。相比其他爬行动物，兽孔类更接近哺乳动物，也被称为类哺乳动物。今天，我们通常认为类哺乳动物就是哺乳动物的祖先。之前我们提到的南非的那个洞穴的主人，犬齿龙，也是类哺乳动物。事实上，在恐龙兴盛之前，类哺乳动物已经是非常兴盛的类群。但是这个类群的繁荣被二叠纪末期的大灭绝事件打断了。这是地球历史上最严重的五次大灭绝事件之一，它的出现直接导致了古生代的结束。而从下一个时代，中生代开始，恐龙逐渐登上历史舞台，成为统治地球的霸主，直到白垩纪末期地球环境又一次发生剧烈的变化。有意思的是，白垩纪末期的大灭绝事件将恐龙驱逐出了陆地动物的核心位置，哺乳动物再次登上了历史舞台。当然，严格来讲，恐龙并未灭绝，它们仍有后裔存活——今天的鸟类，正是恐龙的后裔。关于鸟与恐龙的故事，我会在后面为大家介绍。

现在，我们继续返回头说自贡似卞氏兽和川南多齿兽，它们应该是外形非常像老鼠的小动物。自贡似卞氏兽的体宽估计在8厘米左右，川南多齿兽的体宽估计在7厘米左右，和我们发现的洞穴比较吻合，可以作为重点怀疑的对象。

至于到底是谁？没有更多的信息。也许都可能吧？或者，也许还存在第三种类似的小动物没有被发现？除非我们找到伴生的骨骼化石，否则，就只能是个永远的悬念了。

它们因何而来

下一个问题：ZDM 5051的两部分，是否属于同一个造迹者个体？我想这也是一个无法给出确定回答的问题。不过，如果造迹者是两个家伙，那我们有理由怀疑，这可能是一个小兽家族巢穴的一部分。

毕竟，两个巢穴挨得如此之近，并且交叠，巢穴的主人之间如果不能互相容忍，多半是要发生惨烈的争斗的。而以当代的动物来看，如果是两个独居的同类，它们会尽量避免巢穴太过靠近。另外，在美国犹他州发现了侏罗纪早期的洞穴遗迹，形成了更复杂的巢穴系统，这暗示着当时的动物已经在经营家族性的巢穴体系了。这一传统显然延续到了今天。如今，大量的鼠类和其他穴居哺乳动物都会建造家族式的巢穴系统，并且将这些巢穴系统代代相传。而且从通道的走势及没有巢室来看，我们更倾向于认为这些通道是动物在地下觅食之用，也许就像鼹鼠一样，它们取食土壤中的植物根茎和虫子。

然后，就是恐龙的尸体。我们无法证明它们一定存在关联。甚至即使保存在一起，它们之间仍然可以存在足够的时间距离。毫无疑问，恐龙的尸体是首先被掩埋的，它被流水冲击到了这里，然后迅速被掩埋。然后，才有了四足动物的巢穴。但这个巢穴是多久以后才出现的呢？也许是很快，比如几个月以后；也许是几十年，甚至是一两百年以后。哪怕是千年以后，或者更加久远，这些在以百万年作为时间尺度的地质历史上，都微不足道，无法区分。

我们唯一可以想到的关联就是，也许冲击而来的恐龙尸体及其他腐败的物质增加了土壤中有机质的含量——这倒是有据可查的——然后，这些有机质使得土壤中的蚯蚓、昆虫更加丰富，从而成为了这些小型兽类宜居的场所。它们在这里建造了很多觅食的洞穴，然后，其中的一段，碰巧被掩埋、填充，然后保留至今。

然而，这些都是推测。这个故事已经太过久远，以至于我们所能找到的线索极为有限，我们不得不靠推测来补充这个故事的大部分内容。最终，这个成果同样发表于《历史生物学》（*Historical Biology*），立达和我分别作为第一作者和通讯作者。历史模糊了故事，我们努力还原着其中一个小碎片的一小角。

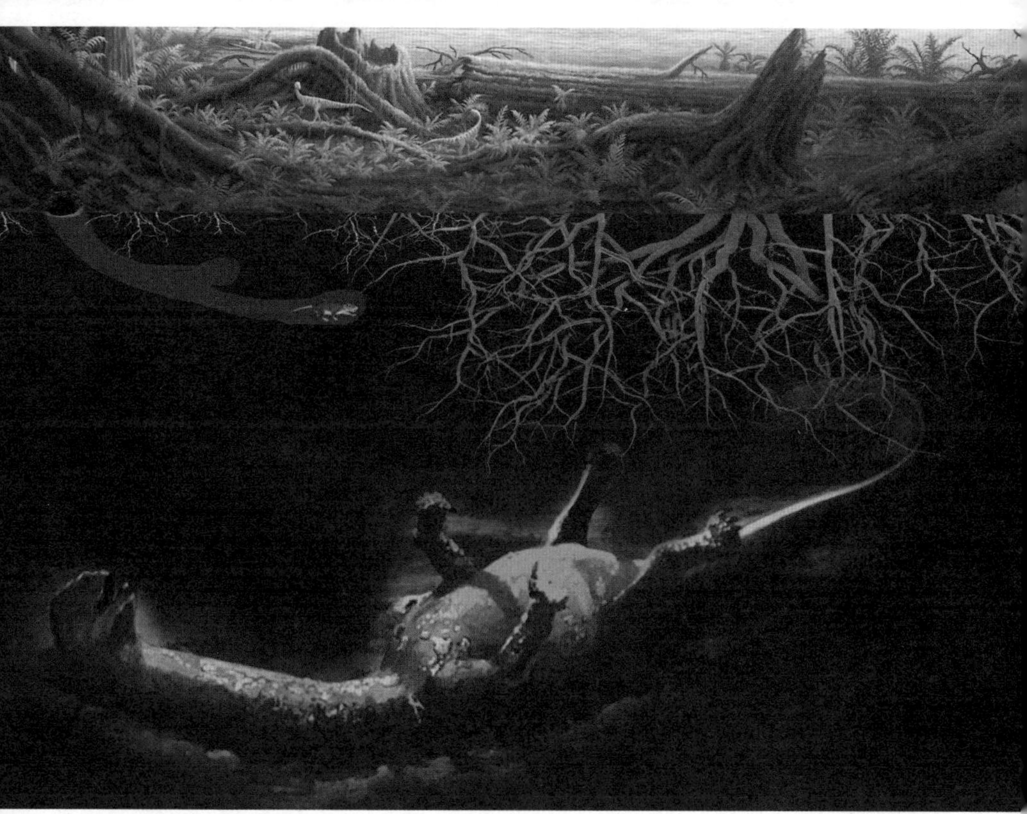

四足动物巢穴场景想象图

第二章·足迹篇：来自远古的脚印

当文化遇上恐龙脚印

大约1亿年前，重庆綦江地区还是一片溪流纵横的热带景象。森林边缘，河水冲击出的沙子细腻柔软。一大群鸭嘴龙从森林漫步到这里。它们沉重的身体在河滩上踩下了深深的印记。成年的鸭嘴龙四足并用地行走着，而那些年轻的小鸭嘴龙则用两条后腿直立着，跟上长辈的身影。突然，一头鸭嘴龙没有注意，一脚踩在了一块突兀的大卵石上，身体一滑，险些摔倒，在地上留下了一条一尺长的拖痕……

在离鸭嘴龙不远的地方，一小群虚骨类恐龙正在奋力追捕着昆虫。两头甲龙则决定离开这个喧闹的地方。

遥控的科考队

立达还在加拿大读硕士的时候，他就已经把相当一部分兴趣转到了恐龙足迹化石上面。他也怂恿我来加入他的足迹研究日常。很快，他安排了一次考察活动 —— 去河北省承德市滦平县探访那里的恐龙足迹化石。

由于他旅居国外，暂时不能回国，所以，他希望我代为出行。然而，那时候我已经在高中入职成了一名教师，并且当时的课业很繁重，短期内也抽不出时间来。这就很尴尬了。

这时候，我想到了尚在中国地质大学长城学院求学读书的朋友，聂鑫。作为一个地质学科班生及生物爱好者，他应该能胜任这个工作。于是，我就把这件事情和聂鑫说了，这个很闯荡的家伙很快就应允了下来，然后又叫上了一个小伙伴。我们细致交代了测量、拍照及浇筑模型等需要做的事情，他们就出发了。

这一天，我和立达都很紧张，毕竟要是派人出去，如果中间遇到什么事情，连保险都没给人家买，那就麻烦了。我没课的时候就密切关注他们的位置和状况，立达也顶着时差熬夜关注。

他们首先抵达了北京，然后乘坐地铁，前往中国石油大学，拜访了纪友亮教授。这位老先生的团队首先报道了那里的足迹化石，不过他们的论文偏重地质学而非古生物学，所以仍有意义从古生物学的角度上对这些足迹进行一下分析。这一趟的主要目标，是摸清楚化石点的准确位置和埋藏状况，有可能的话，获取一些大致的数据。准确的测量需要等立达回来以后，再去实地考察。

虽然这篇论文中给出了化石点的大致位置，甚至里面还有一张小地图，他们两个还是要首先去问问老先生，弄清楚当地的具体路线，以便能花较少的时间找到化石点。

根据聂鑫反馈回来的消息，纪教授热情接待了他们，并且告知了他们应该如何前往那里。

然后，他们便从北京，乘车前往目的地。

然后，大方向走错了…… 只能说，幸亏发现得及时。

大约折腾到下午，这个临时组建的两人科考队才到达了目的地。然而，他们在周围转了一小圈，并没有找到化石遗迹。只能先住下了，第二天再继续寻找。让人开心的是，附近村子的旅馆真的很便宜，一晚只要15块钱。

雨后，第二天的空气格外清新。他们一边扩大搜索范围，一边打听，终于找到了恐龙的足迹化石。通过照片，我在野草的环绕中，看到了化石埋藏的状态，这是我第一次看到恐龙足迹化石的形象，虽然之前立达给我发来了厚厚的资料，我们也做了细致的讨论，但那都是纸上谈兵。这才是我与足迹化石的第一次真实接触，尽管是遥控的。

我可以看到母岩上清晰的水波纹，这肯定是河边或者是湖边水流冲击沙子留下的痕迹。那些圆圆的脚印正是食草恐龙路过时留下的。

接下来该工作了。

聂鑫他们需要先用粉笔沿着恐龙足迹的边缘勾勒出轮廓，然后进行科学拍照。这种拍照对拍摄者的要求是比较高的，拍摄者需要以垂直向下的方式进行拍照，始终保持镜头的距离和被拍照的物体不变，然后通过多张照片覆盖整个化石点。

之所以提出这样的要求，是因为后期要对这些照片进行拼接，还原出整个化石点的鸟瞰图，并且要尽可能呈现出细节，以便能够进行后期的研究。同时，也是对化石点当前状态的一种记录和保护。

此外，在拍照的过程中还要放置一把尺子或者别的参照物，这在后期的时候能帮助我们在图上绘制出比例尺，如果需要，也可以通过图片补测少量数据。

以后的日子里，我们又采用了另一些方法，来简化这个过程。比如用大面积的塑料布来覆盖化石点。然后在塑料布上描出足迹的位置、形态等。最后带走塑料布，成为研究的一手材料。

我们继续回到这次科考来。接下来，他们要做实地测量。主要是测量足迹的大小、足迹之间的距离等，这些数据能帮助我们估算恐龙的体型、步幅及奔跑速度等。

然后是选择典型的样本，浇筑恐龙足迹模型。首先，要向里面涂抹脱模剂，我们用的是凡士林。然后把用水调制好的石膏浆倒进去，等石膏凝固了，就形成了浇筑的模型。然后，再把整个模型取出来。

这些工作都处理完了，便前往下一个化石点。

接下来的这个化石点是纪教授论文里提到的那个主要的化石点，那是食肉恐龙留下的足迹。这种足迹很好识别——它们通常由三个脚趾组成，很容易和多数鸟类四个脚趾的足迹区分开来。食肉恐龙的第一趾和第五趾很短或退化了，所以留下的是第二到第四趾这三根脚趾的足迹。由于所有陆生脊椎动物的五指/趾是同源的，所以，你也可以用自己的手指来对应一下这个顺序。第一指为大拇指，然后依次数下去，第五指就是小指了。所以，你现在可以大致用手比划一下恐龙是怎样用脚行走的。

这个化石点的情况让我们比较惊讶——这里有很多坑，方形的坑，应该是什么人把脚印化石挖走了。打听了一下才知道，这里的化石足迹被报道后，引来了盗挖的人，当地政府为了保护化石，自己也挖走了一部分，才有了这样诡异的场景。我们只能将就着靠残存的那些足迹化石进行考察记录了。

这是我们第一次前往这个足迹点，之后，还有数次造访。这一趟，总体还算顺利，基本达到了摸清足迹点状况的目标，算是我的恐龙足迹实战入门之旅。至于两位实地考察人，看起来也挺兴奋，“太刺激啦！”这是聂鑫最后的评价。

张三丰、豪华羊圈，以及神鸟

在我的家乡，有个地方叫八宝嘴，传说那里流出了八样宝贝。

据家里的长辈说那里还有一块大石头，石头上有一个坑，看起来很像一个人的脚印。据说这是王母娘娘取了宝贝以后，在那里上马留下的。但我其实没有见过那块石头，因为后来的人为活动，那里已经被破坏掉了，稍微让人有点遗憾。

一个看起来很像脚印的坑都能造就一个传说故事。那真真实实的恐龙足迹呢？当然会。立达曾经报道过西藏的一组恐龙足迹，当地人认为那是格萨尔王留下的。接下来我要说的是另一个传奇人物的故事。我想你一定知道这个名字。

张三丰号玄玄子，是元、明两代的著名道士，也被称为张真人。除了人所周知的武当山，齐云山也是他的道场。张三丰晚年隐居在齐云山，并羽化在此。

据传，在真人羽化之前，还在岩壁上留下掌印，印证着一代宗师的传奇。这组“掌印”位于安徽省黄山市齐云山小壶天景点内。这里有明代修建的一个石坊，石坊的石门呈葫芦形，里面是一个长20米，宽3.3米，高2.5米的石窟，石窟的另一侧是悬崖，传言这里便是张三丰飞天成仙的地方。石窟内还供奉有道教神仙雕像，多年来，游客上香，已经将石窟的一部分顶面熏黑了。

而“掌印”就在这顶面之上。细细看来，这些“掌印”确实像极了人的手掌，不仅大小相仿，而且不止一个，更让人赞叹的是有些能清晰地看到五指，且“手指”张开角度也不像自然风化偶然形成的，最绝的是，有些甚至能够清晰地看到指甲的痕迹。

但是，后来，老一辈的古生物学家发现，这些“掌印”是恐龙足迹……立达也颇不受欢迎地访问了那座名山。

壁顶的足迹化石因为香火已经被熏黑

这些足迹形成于白垩纪的晚期，包括了三种不同形态的兽脚类足迹约60个。

事实上，兽脚类恐龙的足迹并不难认，它们通常会有一根朝前的趾头，然后左右两侧各有一根趾头。如果足迹化石的表面覆盖的岩石风化消失，那你看到的就是凹进去的化石；而如果足迹层本身风化，只保留了原来覆盖的岩石，你看到的就是凸出来的脚印。小壶天的这些脚印都是凸出来的，说明底层的岩石已经风化脱落。也许一两个脚印让人难以辨认，但如果你能看到一群三趾结构并且伴有一定的走向，那有很大的概率就是看到足迹化石了。

这个颇像掌印的结构实际上是重叠的足迹化石

不过，在齐云山这组足迹中，确实有例外，就是那被认为是掌印的“五指”足迹。其实，这是有两个三趾的脚印重叠在了一起，让人产生了五指掌印的错觉。

还有一个有趣的事情，来自陕西省榆林市子洲县，那里有一个羊圈。这个羊圈曾像隐世的武林高手一样，静静地待在一个农户家中，直到这群搞恐龙足迹的家伙们来拜访——它的装修相当豪华，不仅羊圈本身来自恐龙足迹化石，甚至山羊的食槽都是用化石凿成的！

羊圈和上面的恐龙足迹化石

石盘上的粉笔，勾勒出了若隐若现的恐龙足迹化石

我们确实震撼了一把：这里的村庄里不仅有真 · 化石羊圈，还有真 · 化石驴棚、真 · 化石磨、真 · 化石地砖……据当地人说，这些都是神鸟“天鸡”（或“金鸡”）留下的脚印。

不过看着这些神迹都被当成建材了，只能说，他们对这位神明其实也不太当回事。

这些足迹化石来自1.8亿至1.7亿年前，是早中侏罗世的恐龙留下的脚印。恐龙的脚印其实很不容易保存下来，雨水等各种干扰很容易就会毁掉它们，只有少数足迹在经过阳光暴晒等条件下会逐渐干燥硬化，然后被时机恰当地掩埋，并且经过亿万年的重重考验，才最终能够形成化石。不过，子洲县显然拥有丰富的足迹化石，规模应该不小，在首轮研究中，就已经找到了几十个恐龙足迹化石。

食肉恐龙（兽脚类）的足迹确实比较像鸟的脚印，但是尺寸要大很多（当然，也有很小的）。邢立达等人考证认为，它们之所以被当地人认为是“鸡脚印”，极有可能与一种野生鸟类——红腹锦鸡（*Chrysolophus pictus*）有关。虽然黄土高原早已经没了这种鸟，但并不代表过去没有。至少在宋代时，这里的气候仍然不错，存在森林。红腹锦鸡就活跃在林间，所以这里的古人应该非常熟悉这种鸟。

行走的红腹锦鸡（图虫创意）

由于古人缺乏古生物学和地质学知识，可能他们发现了这些足迹化石的趾数与红腹锦鸡相同，都是3趾（家鸡脚印是4趾，3趾向前1趾向后，而红腹锦鸡向后的那1趾很短，通常不会留下趾印），就把造迹者当成了红腹锦鸡。而这些色彩艳丽的大型鸟类，常被视为森林之神或神灵的化身，传说拥有凤凰的血统，也具备神化成天鸡的“遗传基础”。只能说，当化石和人文传说结合到一起的时候，确实很有意境。

鸟与恐龙的故事

之所以一些恐龙和鸟类的足迹这么相似，是因为鸟类和恐龙之间本来就有着非常直接的联系。

在很久以前，人们就对鸟类的起源问题感到困扰，不知它们从何而来。其中，有一个人，提出了一个靠谱的观点。他就是达尔文的好友，生物学家赫胥黎。他在比较了恐龙和鸟类骨骼之后，提出了一个大胆的假设——鸟类是由兽脚类恐龙演化来的。

但当时这个观点并没有得到承认，很快就淹没在了其他众多观点之中……

直到1970年，美国古生物学家奥斯特隆博士在比较了小型兽脚类恐龙恐爪龙和始祖鸟的相似性之后，这一观点才再次引人注意。但质疑者提出了一个致命伤，既然说恐龙是鸟类的祖先，那鸟的标志——羽毛是怎么演化出来的？难道这些恐龙身上不该有点羽毛吗？

这在当时是一个几乎无解的问题。因为那时人们普遍认为恐龙更像爬行动物，多数是冷血的，身上像蜥蜴一样光溜溜的，布满了鳞片。在20世纪拍摄的著名电影《侏罗纪公园》里，复原出的恐龙就很能体现之前的观点——所有的恐龙，都在银幕上裸奔。

然而，转机终于还是到来了。

1996年，中华龙鸟（*Sinosauropteryx*）在中国辽西地区被发现，化石不大，但在化石的表面，具有明显的类似于“毛”的表皮衍生物着生的痕迹。这被认为是原始羽毛。因此，中华龙鸟一度被当做一种原始的鸟类。但是，深入研究发现，它牙齿锐利具有锯齿，尾巴很长，前肢短小，后肢长而粗壮，是一种典型的兽脚类恐龙。

支持恐龙身上可能存在羽毛的第一个证据出现了。这对完善从恐龙到鸟的演化假说意义重大。这一发现轰动了世界，尽管它的“原始羽毛”仍被不停质疑，但还是有大批古生物学家坐不住了，他们要加入到这滚滚洪流中去了。

1999年，差不多带着这样激动的心情，有位美国古生物学家在化石摊儿上淘到了一块“极有价值”的中国化石。这块化石乍看是鸟身，但却有一个恐龙一样的尾巴！这下，终于找到了从恐龙到鸟进化的中间环节！美国人沉浸在幸福中，将其命名为“古盗鸟（*Archaeoraptor*）”，很快，一篇名为《霸王龙（君王暴龙）长了羽毛吗？》的文章刊登在了1999年11月的《美国国家地理》杂志上，标题直指包括霸王龙在内的兽脚类恐龙有可能长羽毛，立刻引起了轰动。

不过，徐星老师他们在认真分析了化石之后，给了当头一棒，让美国人冷静了下来：这块化石是由至少两块化石拼接而成的！化石贩子为了牟利，竟将不同的化石硬接到了一起，走私到了美国市场。所谓古盗鸟就从未存在过！

自此，让霸王龙和它的亲戚们长羽毛的首次努力，在化石贩子的强大“媚心法”下，以美国人灰头土脸的惨相结束。

尽管遭遇了这次重大挫折，学界仍从未停止证明恐龙长羽毛的努力。终于，一系列带羽毛的恐龙化石在中国相继发现。特别是2009年，徐星老师命名了赫氏近鸟龙（*Anchiomis huxleyi*），这种小恐龙羽毛印痕清晰，不仅在其前、后肢和尾部布满飞羽，而且趾骨上也长有羽毛，这种完全被羽的特征在已灭绝的动物中是首次出现的。它生活在1.6亿年前，比著名的德国始祖鸟早了1000万年，特征也比始祖鸟原始，是目前已知的世界上最早的长羽毛的动物。

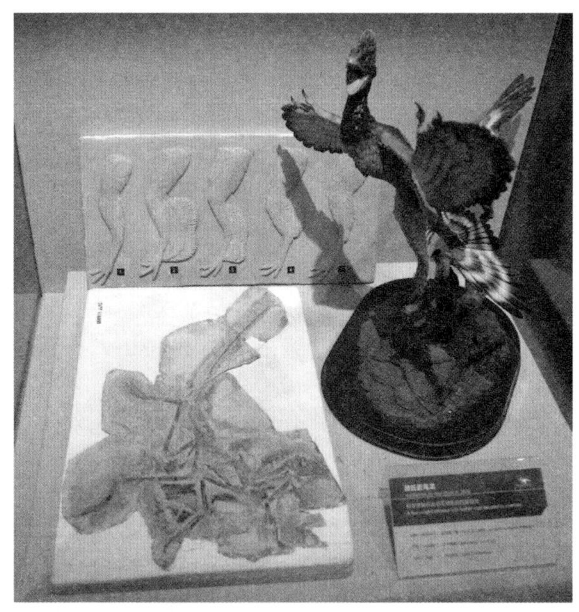

中国古动物馆展出的赫氏近鸟龙化石及复原模型

随着这一系列的发现，鸟类起源于恐龙的学说被绝大多数学者接受，而始祖鸟也逐渐被认为也是一种长羽毛的恐龙。因此，严格来说，恐龙没有灭绝，它们的后裔 —— 鸟类，今天仍然活跃在地球的各个地方。科学的说法，已经灭绝的那部分，叫“非鸟恐龙”。

白垩纪时代的另一种带羽毛恐龙尾羽龙（*Caudipteryx*）的复原图（图虫创意）

接下来，我们不妨继续探究下去。再次问一句，霸王龙有羽毛吗？体型较大的长羽毛恐龙一直没有被发现，难道羽毛只存在于小型恐龙中吗？

当然不是。2005年，徐星老师他们在“恐龙之乡”内蒙古自治区二连浩特市发现了二连巨盗龙（*Gigantoraptor erlianensis*），它属于窃蛋龙家族，高5米，长可达8米，体重超过1吨，它长着像鹦鹉一样的喙，极有可能身披羽毛，是迄今为止发现的最大的似鸟恐龙。然而好戏刚刚开始，2012年，他们终于在辽宁找到了霸王龙的表亲——华丽羽王龙（*Yutyrannus huali*），并发现了羽毛痕迹！而且，一次就发现了三只，一只成年，两只未成年，最大的身长9米，体重约为霸王龙的1/5到1/6。别看它们身型不小，但身上却覆盖着小鸡那样的绒毛，不过要长得多，有15~20厘米，是“超级小鸡”。

这些羽毛是用来保暖的。不过，大型动物因为相对表面积小，保暖一般很容易，除非环境非常寒冷，否则，身上毛多了反而热得难受，如大象、河马和犀牛，身上的毛发都非常稀疏。这在一定程度上说明暴龙家族可能不止生活在温暖的地方，在接近极地的寒冷区域也有分布。不过，霸王龙的化石上还没有直接发现羽毛的证据。尽管如此，还有科学家推测，就算成年霸王龙像大象一样体毛稀疏，说不定霸王龙小时候也长满毛，只是成年之后，身体散热困难，才逐渐脱掉了身上的毛。

研究进展到这里，也算终于能对之前《美国国家地理》的设问进行回应了吧。

有了羽毛，另一个要考虑的，就是鸟类是如何获得飞行能力的。或者说，它们从哪里开始起飞。由于多数动物类群很可能是在树栖的条件下获得飞行能力的，包括我们熟知的蝙蝠也是这样，在人们没有把鸟类和蝙蝠联系起来的时候，也认为鸟类的飞行能力应该来自树栖动物的滑翔行为，然后演化为动力飞行。

然而，当人们认识恐爪龙类（*Deinonychosauria*）之后，许多研究人员转向另一种假说，即恐龙从地面起飞。也就是说，在奔跑中起飞，从短距离小高度的飞行，到长距离大高度的飞行。这种观点面临的主要困难是，奔跑的四足动物是否有足够的能力和需求来克服重力，实现飞行？

不过，恐龙向蓝天发起的挑战可能并不是只有一次，飞行能力的获得很可能是个多元化、多步骤的过程。这里面有个非常有趣的发现，是由徐星老师和郑晓廷老师合作主导的，立达也有参与。郑老师是一位非常厉害的收藏家，也是一位主流恐龙学的超级票友。

标本来自郑晓廷老师的山东省平邑县天宇自然博物馆，那里也是世界上最大的恐龙博物馆。这是一块由河北省青龙满族自治县的农民挖出来的古怪化石，已经有约1.6亿年的历史了。这块似鸟恐龙化石保存并不完整，但是在恐龙的腕部，诡异地多了一块很长的棒状长骨，这从来没有在其他恐龙当中出现过。这块骨头是做什么的呢？

由于化石破损的部位正好掩盖了棒状长骨和腕关节的连接部分，因此很难说清它的起源。它也许是由一块腕骨在进化中拉长形成的，也许是一块新钙化的组织。虽然在其他恐龙中没有类似的解剖结构，但是还是有别的线索。类似的长骨在一些会飞的四足动物的腕部、肘部或者踝部附近存在，这些动物包括蝙蝠和鼯鼠等。这种似鸟恐龙腕部的棒状长骨和日本鼯鼠腕部的棒状长骨尤其相像。而这些动物身上的棒状长骨都是用来支撑翼膜结构的，那岂不是说这种恐龙也可能有翼膜？

我们知道，在恐龙时代，天空中确实存在着使用翼膜飞行的爬行动物，我们称之为翼龙。翼龙统治着中生代的天空。然而翼龙不是恐龙，与眼前的似鸟恐龙更完全是两码事。尽管化石表面确实有残存的翼膜痕迹。但是这个观点太过惊世骇俗，而且化石保存也不够精美，科学家最初并不太确定这家伙是否有翼膜。而为了揭示这个棒状结构的性质，他们用多种仪器对化石进行分析，获取了包括软体组织上保存的黑色素体在内的宏观和微观信息，还分析了化石围岩和化石中的化学组分，最终确认了这种棒状结构确实是翼膜翅膀的关键组成部分。

风神翼龙在海面上飞掠的复原图。翼龙类不属于恐龙，它们是在中生代统治天空的爬行动物（图虫创意）

不过，这块长骨是如何连接在奇翼龙的腕部还不是十分清楚，或者说，我们还不知道这块骨头会如何运动，它上面附着的肌肉是怎样的？是不是能够通过运动而使翼膜张开或者合上？目前，科学家不得不设想了多种可能的翼膜连接方式。从化石上看，它和其他的骨头没有什么不同，如果能更深入地研究一下它是否具有骨骼细胞，来确认这到底是一块真正的骨头还是一些组织钙化形成的，也许能够帮助我们更多地理解它的机理，那将是一件很有趣的事情。

至于这种恐龙，被“任性地”命名为“奇翼龙”（意思是具有奇特翅膀的恐龙），其学名是更简单到令人诧异不已的汉语拼音“*Yi qi*”。“*Yi*”是属名，“*qi*”是种小名。所以，它应该是学名最短的恐龙。在恐龙命名中有一些传统，比如恐龙的属名后面通常会有“–saurus”这样的结尾，代表它是一种恐龙，比如剑龙是“*Stegosaurus*”。可是，我国科学家命名的很多恐龙的后缀却是“–long”，你一定猜到了，这是中文“龙”的汉语拼音。比如那个以睡觉的姿势被埋藏的恐龙化石——寐龙，学名的属名部分就是“*Meilong*”，完全是汉语全拼。关于这个“–long”的后缀，我曾经和立达提起，使用“loong”应该更准确些，这是中国龙的准确英文名，至于那个“dragon”，是指长着翅膀的西方恶龙，两者并不相同。

“要不我们以后有机会了用‘–loong’做做后缀？”我这样问道。

“嗯……外国人刚刚承认、熟悉了 –long 这个后缀，再搞出一个多个 o 的后缀，你确定不会被唾沫淹死？”立达这样回道。

于是，议题中止。

生活在林间的奇翼龙（恐龙星际复原，邢立达供图）

有了名字的奇翼龙体重估计为380克，属于擅攀鸟龙类（scansoriopterygids）。这类恐龙的突出特点是前肢的第三指要比第二指长不少，特别是奇翼龙，这一特征更为突出，这第三指也成为它支撑翼膜的一个重要结构。除奇翼龙外，这个家族还曾经被发现过两种恐龙，都来自内蒙古自治区宁城县，分别是树息龙（*Epidendrosaurus ningchengensis*）和耀龙（*Epidexipteryx ningchengensis*），它们的体型比奇翼龙还要小一些。一般认为，擅攀鸟龙类的形态适合攀缘，应该是树栖生活的，这也为奇翼龙进化出翼膜创造了环境条件。擅攀鸟龙类的羽毛是丝状的，没有鸟类和某些似鸟恐龙那样片状的飞羽，而且除了奇翼龙，另两种恐龙没有那根棒状的长骨。因此，也许一些擅攀鸟龙类具有在树木间攀缘跳跃的能力，但是除了奇翼龙，其他的成员应该没有滑翔或飞行的能力。

尽管奇翼龙演化出了滑翔能力，甚至具有部分飞行能力，但是毫无疑问，这个支脉没有后裔生存到今天。也许它们曾是竞相飞向天空的恐龙中的先锋，但是，它们还是失败了。在飞行方面，翼膜在长满羽毛的翅膀面前处于竞争劣势，一如今天的蝙蝠无法与鸟类抗衡一般。想来，在鸟类崛起的时代，奇翼龙的子嗣们和小型翼龙一样，遭到了强烈的挑战，它们的日子艰苦、绝望。所有的天空竞争者，逐一被消灭，很可能到了白垩纪晚期，只剩下大型翼龙延续到了中生代的结束。

就这样，奇翼龙所在的擅攀鸟龙类，在演化过程中以鸟类的姐妹群的身份淡出了历史。它提醒我们，在鸟类飞行演化的早期历史中，兽脚类恐龙有着诸多创新性的尝试，也许还有许多支系的恐龙不幸走进了演化的死胡同，只有鸟类的飞行模式延续至今。

莲花保寨和江湖菜

另一个与文化有关的例子，是莲花保寨。这是坐落在重庆市綦江区三角镇老瀛山悬崖峭壁上的一处山寨遗迹，海拔772米，曾经住过人。大体是在明清时期，因为战乱，一些人躲到了这里，据险而守——这里也确实易守难攻，脚下是绝壁，头上是岩顶，从山下通往这里的仅有一条可供单人行走的羊肠小路，尽管距山下农田的垂直高度仅有100米左右，真正步行上去却需要30到40分钟。在莲花保寨之前，通过了狭窄的寨门，还要攀爬木梯才能进入山寨。

而木梯则是随时可以抽掉的，以此作为整个山寨的另一层安全保障。而据传莲花保寨的名字则来自石壁上的石莲花，有吉祥之意。看到这里，你大概能猜出来，这些石莲花，八成又是恐龙足迹。你，猜对了。

今天的莲花保寨遗迹

莲花保寨当年场景的复原图（张宗达 绘）

在这里，我们找到了超过300个足迹化石，这些足迹中，鸟脚类恐龙足迹占优势，占到了69%，然后是鸟类（18%）、蜥脚类恐龙（10%）和翼龙类（3%）。这些足迹大多都是凹进去的足迹，还有少数是像齐云山“张三丰掌印”那样凸出来的足迹。这些足迹中有不少，也是互相重叠的。感谢当年住在这里的人，他们为了让生活更舒适，在山寨的地面上垫了土，从而使这些足迹大多能够完好地保存下来。

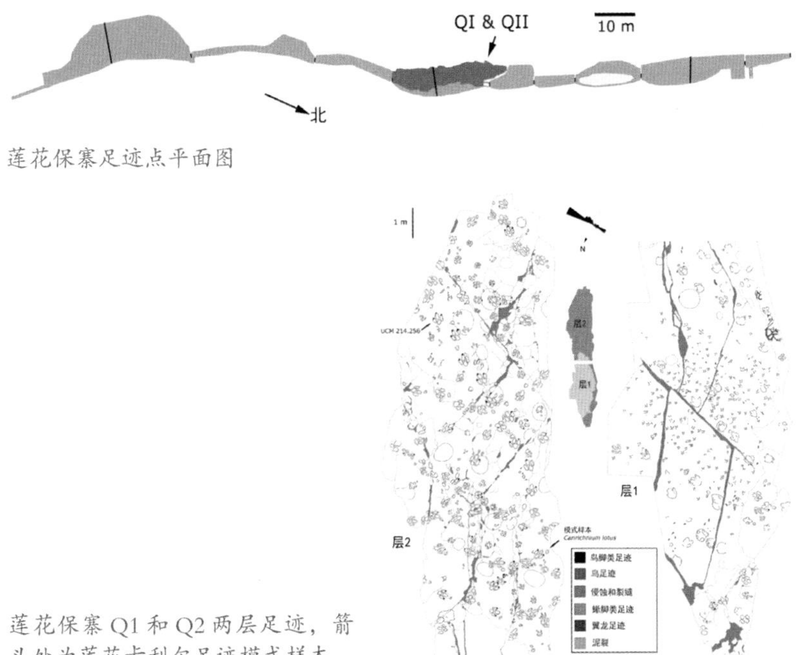

莲花保寨足迹点平面图

莲花保寨Q1和Q2两层足迹，箭头处为莲花卡利尔足迹模式样本在这里，我想说说鸟脚类恐龙和兽脚类恐龙的事情，它们都是两足行走的恐龙，鸟脚类以植食性为主，而兽脚类以吃肉为主。在分类学上，我们习惯地将恐龙归入两大类，鸟臀类和蜥臀类，其主要区别在腰臀部的骨骼构造上。你可以观察下面这两张图来大致体会一下。

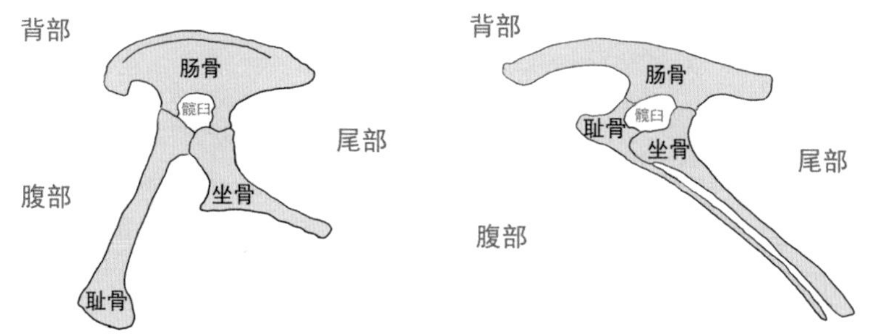

从左侧面看，蜥臀类（左）和鸟臀类（右）在腰部骨骼构成上的区别。蜥臀类的耻骨向前，与坐骨分开，而鸟臀类的耻骨向后，靠近坐骨

其中，鸟臀类包括了禽龙、鸭嘴龙等鸟脚类两足直立行走的恐龙，还包括同样两足行走的肿头龙类，以及多数四足行走的剑龙、甲龙及角龙类。而蜥臀类中，则既包括了大名鼎鼎的蜥脚类长颈恐龙，又包括了两足行走的凶猛的兽脚类食肉恐龙，后者有大名鼎鼎的暴龙、异特龙等。

植食性的鸭嘴龙（鸟脚类）和肉食性的暴龙（兽脚类）在外形上有足够的区别，那它们的足迹呢？如果同样是两足行走，它们在后足的足迹上有没有显著的区别呢？

有的。

这需要分辨清楚这两类恐龙的后足结构。兽脚类恐龙攻击性强，它们的趾爪锋利而尖锐，而鸟脚类的趾爪通常就没有那么锐利了，往往介于蹄和爪之间。那在足迹的爪尖部分上，就会显得更加钝圆、厚重。而且，一些鸟脚类的第一趾还没有短到不能接触地面的地步，它们往往会在三个大趾印的旁边形成一个小小的趾印。这个小趾印可以向前，可以向侧方，但一定不会向后。此外，它们的跖骨也会较大面积地接触地面，在那里会形成一个比较显著的跖骨垫。所以，鸟脚类，比如鸭嘴龙类（Hadrosauromorpha）的后足就会印出一个主要由四块组成的足迹——三个比较浑圆的脚趾印痕，以及连接它们的跖骨垫印痕，形成一个类似“山”字的足迹。莲花保寨的足迹，主要就是这类足迹，经与鸭嘴龙的足迹进行对比后，它们可以归入卡利尔足迹（*Caririchnium*），立达将其定名为莲花卡利尔足迹（*Caririchnium lotus*）。

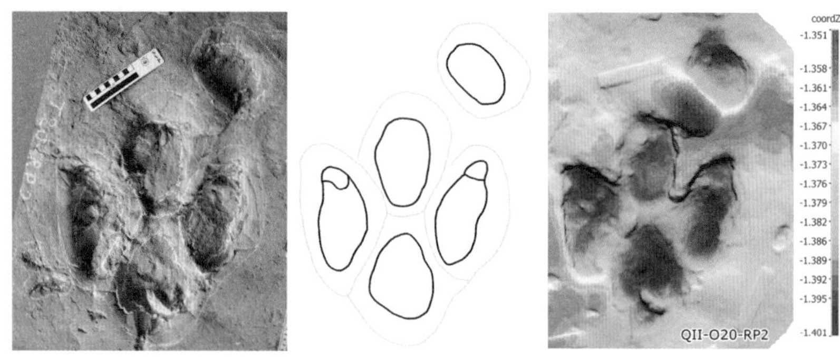

鸭嘴龙造成的莲花卡利尔足迹（鸟脚类）模式样本（标本编号QⅡ-O20-RP2）

根据莲花卡利尔足迹的大小，我们大致可以按比例推断出这群鸭嘴龙的体型：成年个体的体长大约在6~7米，更小一点的亚成年个体体长大约4~5米，再小一点的体长2~3米。从当时的步幅来看，它们应该处于慢行状态，日子还是挺悠闲的。

此外，这些足迹给出了关于鸭嘴龙行走方式的一个答案。通过化石研究，我们已经知道，幼年的鸭嘴龙个体，前肢的比例很小，因此推测它们应该是两足行走的；而成年恐龙，由于体重增加，更倾向于四足行走。而莲花卡利尔足迹也进一步印证了这个推断，而且还判断出了一个大致的分水岭——体长4米。比这个尺寸小的鸭嘴龙更倾向于两足行走，而大于这个尺寸的，则倾向于四足行走。关于这一点，很容易确认：只要看看这些行迹中有没有前足的脚印就好了。

当然，这里丰富的足迹化石并没有只给出鸭嘴龙的信息。我们在这里还找到了中国首批甲龙足迹等。事实上，除了莲花保寨，在綦江还有别的地方发现了古生物化石，那里确实是一个出产化石的宝地。立达在綦江找到了不少好东西，起了不少有趣的名字，比如除了果壳綦江龙，还有綦江北渡鱼（*Beiduyu qijiangensis*）。

之所以这么说北渡鱼这名字起得也很有趣，是因为北渡鱼本身乃是綦江一道有名的江湖菜。江上渔民将现捕的野生青鱼放入锅中，往锅中撒上大把辣椒、花椒、大蒜和一些特有调料，再淋上沸油，粗犷、美味。

结果，那个吃货就把自己在綦江定名的一条古鱼也安上了这么个名字。

这条古鱼也确实和那道菜产自同一个地方，只是地质时间和现在略有错位，中间差了1.5亿年，是来自侏罗纪的鱼，所以，这家伙被刨出来的时候已经成了化石…… 它的个头真的不小，有六七十厘米，如果活着的时候做菜，足够几个人吃上一顿了。不过现在我们已经无法知道它的味道了，因为它的族群——鳞齿鱼已经全部灭绝了。

鳞齿鱼在鱼类进化历史上可以看成是一个过渡类群，属于介于有真正骨头的硬骨鱼和只有软骨的鱼类之间的全骨鱼类。鳞齿鱼生活在从三叠纪晚期到白垩纪晚期的古老时代，几乎与恐龙时代同步，是恐龙时期的重要鱼类，在全世界均有发现。在我国，也有部分鳞齿鱼类化石发现，但大多数是一些零散的鳞片，保存较破碎，而像綦江北渡鱼这样保存较完好的化石并不多见。这条北渡鱼属于成年鱼，鱼鳍形状呈扇形，头占全长的20％，也就是说它有一个相

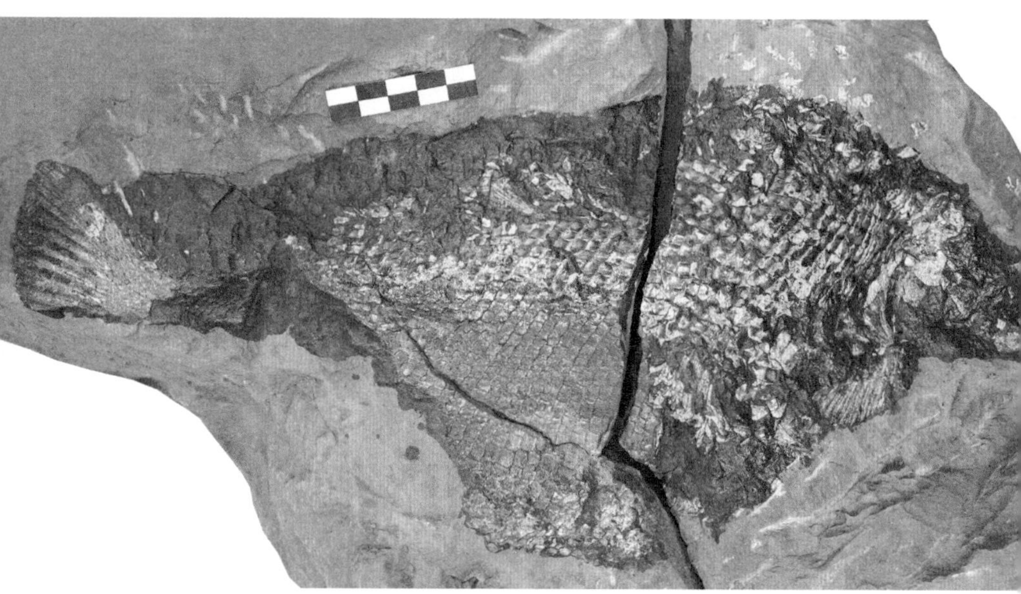

綦江北渡鱼化石

对比较大的脑袋。

和多数鳞齿鱼一样，綦江北渡鱼拥有锋利的牙齿，而且全身覆盖着闪亮且有很厚珐琅质的鳞片，像盔甲一样保护着自己，这些珐琅质硬度与人的牙齿相当，所以如果做菜，扒皮去鳞的时候可能会比较费力。

綦江北渡鱼虽然全副武装，但可能不是凶悍的掠食者，而是以生活在水底的厚壳无脊椎动物为食，比如螺蛳什么的。相反，它们可能要面对一些强大的天敌，比如河里的鳄鱼，还有岸上的恐龙。

綦江北渡鱼的鳞片细节

这条北渡鱼可能就出状况了。科学家在分析化石的时候惊奇地发现化石身体大部分保持完好，唯有头部损失比较严重，似乎曾经遭受过什么破坏，或者是干脆被什么东西吃掉了一部分？很可能，这条鱼因为某个原因已经死亡，也许漂上了水面，也许被冲上了河岸，甚至还可能在空气中暴露了一段时间，然后食腐动物赶来吃掉了其中一部分。之后，它被掩埋起来，后来在地质演变中，它的本身物质被矿物质一点点取代，最终石化，才变成了今天这个样子。

如果上面的预测是正确的，那这条鱼即使在当时可能也不能做食材，它不新鲜了，吃了也许会拉肚子。

行走在中生代的大地上

一头高大的蜥脚类恐龙迈着稳健的步子，向前行走着，它的身体沉重，在地上留下了一串串圆形的脚印。前面是一片树林，它高高扬起的头颅早就发现了这一点，那里也许有它喜爱的食物。

然而，道路的前方，出现了一条小河，阻拦了它的去路。河水不是很宽，似乎也不深，但足以阻挡不少动物的脚步。巨大的恐龙迟疑了，它似乎能够趟过这条河，但是，河底的淤泥也可能困住它。终于，它还是克制住了渡河的冲动，它决定另觅通途……

大脚印拐了一个弯

毫无疑问，蜥脚类恐龙是植食性恐龙中的明星，它们拥有巨大的身体、粗壮的四肢和长长的脖子。目前所知的所有最大型的恐龙都来自这个家族。这让我们对它们的生存方式产生了相当浓厚的兴趣。不过，要了解这些，并不容易。我们的信息来源，首先是恐龙的骨骼化石，我们可以根据骨骼化石来复原它们的身体结构、生前样貌和运动方式，并以此来推断它们的生活方式。但是，这条信息来源最大的问题是，缺乏直接证据——恐龙已死，只剩下推断。

幸运的是，恐龙的足迹化石作为另一个信息来源，能够在一定程度上补充这种缺憾，它们能印证或者否定一些推断，也能够提供直接的证据。

比如一个关于蜥脚类恐龙的有趣问题是，当它们不想继续向前走了，应该如何掉头走回头路呢？它们是会像汽车掉头行驶一样慢慢走出弧线，还是灵活地原地转向呢？

我们找到了证据。

这组足迹来自山东省诸城市棠棣戈庄地区，来自白垩纪早期的最后时光，大约距今1亿年。山东是我国重要的中生代脊椎动物化石产地，该省有相当数量的恐龙骨骼、卵及足迹化石被发现，其中，皇华镇大山社区的黄龙沟恐龙足迹化石点的规模之大，在国内极为罕见。此次发现的足迹化石点规模相对较小，在濒临的地域内被分割成了三组，其中两组位于同一个岩石面上，而“转向”的恐龙足迹就是其中之一，编号为“TDGZ-S1”。这组恐龙足迹一共有28个，平均长度约为30厘米，呈半圆形分布，较为完整地记录了转向的过程。

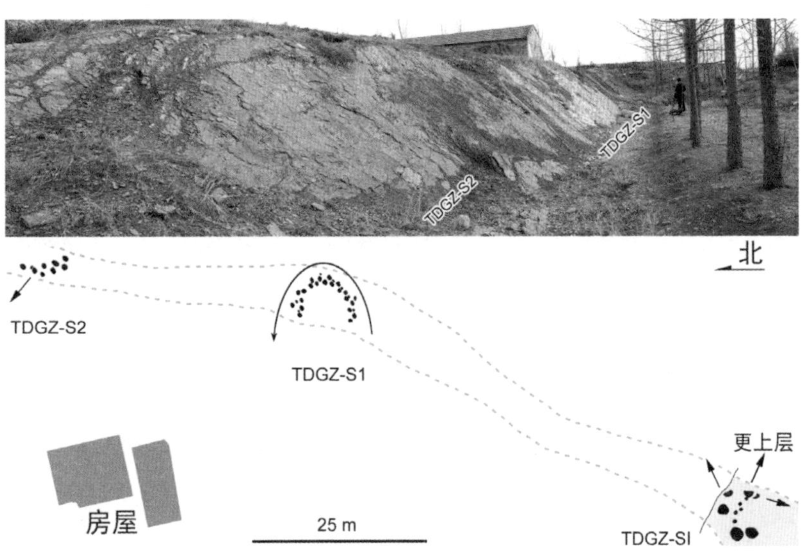

诸城市棠棣戈庄地区的足迹化石点

蜥脚类恐龙转弯的行迹

我们可以简单分析一下四足动物四脚着地行走的运动方式。与我们这些两足行走的家伙不同，四足行走要复杂许多。同样是前进，这四条腿可以用不同的方式进行运动组合。

目前来看，蜥脚类四足着地的行进方式是同侧式，与长颈鹿差不多。举个例子，比如左侧的前腿和后腿迈出，然后再迈出右侧的肢体，这就好比两个人前后一组，后面的人扶着前面的人一起走路。你也可以在床上爬一段，感受一下。我就在床上爬了一会儿，体会了一下不同的运动方式在转向的时候身体的重心、着力点的变化，以及可能会形成什么样的足迹。

我的人体模拟结果是，要想实现原地转向，至少需要四肢并用，同时进行转向运动，运动过程比较复杂，脚印应该是非常散乱的。立达大概早就明白这一点，但他听说后，还是挺开心，我猜是因为在床上爬这件事……

后来，立达利用一次下雪的机会，用一辆前轮控制转向的小汽车来制作车轮的轨迹，与恐龙的行迹进行对比。事实证明，这组足迹和用前轮控制转向的车辙有相似的地方——蜥脚类恐龙的前足迹会明显地偏离行迹中线，和汽车在掉头行驶过程中的车辙具有相似性。

因此，我们可以推测，蜥脚类恐龙在行走中转向并不容易，需要一定的转弯半径，或许，蜥脚类恐龙也同样是用“前轮”来控制方向的吧？

而且从足迹上看，这头恐龙在转弯的时候似乎还有些犹豫，也许前路不通？这个行为比较特殊，而且它也没有转回到来路。由于化石保留的信息有限，没有保存转向之前和之后的足迹，我们没法知道是什么原因引起了恐龙的转向，也不知道它转向以后要去做什么。这里面说不定曾经有过一个非常有趣的故事呢。

用汽车在雪地里来模拟蜥脚类恐龙转弯，黑色箭头所指为前轮的车辙

会游泳的掠食者

如果在水边被掠食者追捕，逃到水里也许是个不错的选择，假如水里没有鳄鱼的话。当年的食草恐龙会这样做吗？它们是不是就安全了？那些食肉的兽脚类恐龙会泅水继续追击吗？它们会游泳吗？

之前，多数学者认为兽脚类恐龙应该是“恐水”的，换句话说，掉到水里，有可能被淹死，所以不太敢下水。然而，这可能是错的。

2007年，国外的古生物学家在足迹化石上找到了兽脚类恐龙游泳的证据。立达紧随其后，在四川省昭觉县也找到了证据。不过这一次，还是有很多遗憾。

我们需要把时间先倒回到2003年。

时任昭觉县三比罗呷铜矿管理办公室主任的杨昌华找到了文物管理所的俄比解放所长，带来了一条消息——在采矿的过程中，暴露出来了一个约1500平方米的泥质粉砂岩层，上面有数百个奇特的凹坑，这些凹坑大小不等，组成了至少12条轨迹。

俄比解放一直致力于弄清楚它们到底是什么，并且到处走访。事实上，类似的坑洼在当地还曾有过发现。当地人认为它们是支格阿鲁的坐骑黑马所留下的蹄印，支格阿鲁是彝族神话中的英雄人物，被视为无所不能的彝族先祖。

当然，这种解释不太符合科学的调子。

直到2006年，成都理工大学的古生物学家李奎教授应俄比解放邀请，来此实地鉴定，才初步断定为侏罗纪的蜥脚类等恐龙脚印化石。然而，就在李奎教授等准备开展研究时，这批中国西南最壮丽的恐龙足迹群竟在一夜之间被开矿活动摧毁，令人痛心不已。等俄比解放等人赶赴现场，整个化石点几乎完全被破坏，不论矿厂是有意或无意的，这批化石已经永远损失了。

邢立达在昭觉陡峭的岩壁上进行考察

已经碎成块的恐龙足迹化石

2012年，立达也应邀前往那里考察。由于化石点是在陡峭的岩壁上，他们还请来了登山队协助考察。不仅如此，立达带着登山护具，绑着绳索，也亲自上场。当时矿区还在正常开采，岩层随时有可能剥落，工作环境是非常危险的。但由于考虑到第一批足迹几乎完全因为开矿被摧毁，他们还是挺有紧迫感的，要抓紧时间对残存的足迹化石进行记录。

留在波痕表面的禽龙类足迹

让人欣喜的是，他们又在足迹点附近找到了更多的足迹，其中就包括我国的第一条确定无疑的恐龙游泳足迹，年代为白垩纪早期。

这是一列沿着岩壁一路往上的足迹，每一个足印都由三条近乎平行的爪痕组成。为什么这样的足迹可以被判定为游泳迹呢？

让我们一同分析一下。

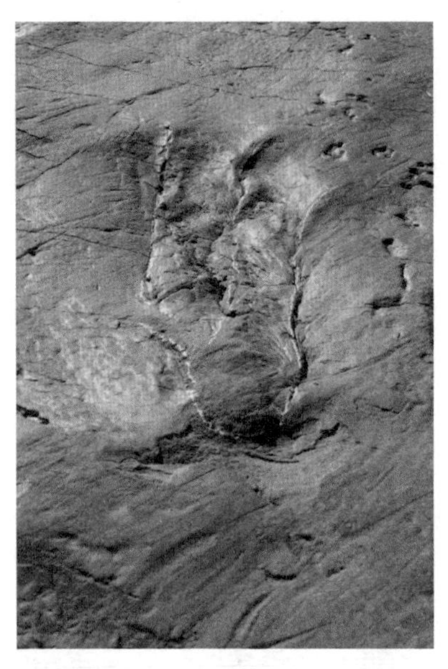

兽脚类恐龙游泳足迹

假如恐龙是在走路，而不是在划水，那会是什么样的脚印呢？是不是脚印的形状应该正好和脚的形状对应起来？因为这个时候，整个脚掌都是在受力的，结结实实地踩进了泥土或沙地里。那么，这样的脚印应该是从脚跟处辐射状发出三条沟，分别对应三根脚趾。这样的足迹，三根脚趾的印痕是不可能平行的。

但是假如恐龙是在游泳呢？我们都知道，游泳的时候，负责支持体重的是水。在这种情况下，脚是几乎不承重的，甚至可能并不接触水底。如果是这种情况，那是不会留下游泳的足迹的。可是如果水不是很深呢？恐龙的爪尖差不多刚刚能触到水底呢？在这种情况下，划水的动作就会在水底留下三道几乎平行的抓痕。

你看，留下这样的足迹，其实是要符合比较苛刻的条件的。水不能太深，也不能太浅。所以，这是相当难遇到的化石记录。

除此以外，在这里，他们还找到了其他恐龙的足迹化石，收获了满满的勘测数据。2013年，这篇论文在《科学通报》英文版发表。在我看来，这篇论文其实写得没有达到理想状态。立达自己也知道，有点赶了，按他的说法，是在抢发，是在和时间赛跑。只有论文发表了，以此为依托，通过媒体宣传起来，才好为化石点的保护找到更好的依据。实在是不得已而为之。

到了2016年，立达又有一篇食肉恐龙游泳足迹的文章发表，不过，这次，地点换在了云南禄丰，位置在侏罗纪和白垩纪的交界地层。到了2018年，又有一个化石点发现了食肉恐龙的游泳迹。这样看起来，会游泳的食肉恐龙应该是不少的，甚至有可能是一种比较普遍的生存技能。所以，某些读物里描述的那种，被食肉恐龙追着追着，眼看要被捉了，然后跳进河里就躲过一劫，这样的桥段大概是不行了。

恐龙游泳复原图（张宗达 绘）

踩在软软的沙地上

在我小的时候，科学读物上都是这样说——巨大的蜥脚类恐龙身体庞大，四肢支撑巨大的身体会很费力，所以它们经常会泡在水里，利用水的浮力来托住自己。然而，今天我们已经知道，这些巨大的四足动物是货真价实的陆地漫步者，并不需要借助浮力来支持它们的身体，它们甚至有能力做出用后腿支撑身体立起这样雄壮威武的动作。那么，不再被认为整日泡在水里的它们，会游泳吗？

在甘肃省永靖县，我们遇到了一组特殊的足迹。

在一处山坡上，有两个足迹点。问题出在2号足迹点上。在这里，我稍微插入介绍一下蜥脚类恐龙的足迹形态。由于这类恐龙体形很大，体重也很惊人，它们的腿看起来更像圆滚滚的柱子，足迹也比较偏向圆形。但，有细节的差异。蜥脚类恐龙的前足第一指有个大爪子，这个爪子有防滑的功能，所以，它们前足的足迹上往往在侧面上带个尖儿。至于后足，保留的爪子更多，所以可以在后足的足迹上看到更多的尖状突起。现在，在裸露的斜面岩石上，我们看到了很奇特的蜥脚类恐龙足迹，这些足迹的前部都有很深的抓痕，而脚跟处则似乎没有什么压痕。

难道和兽脚类恐龙的游泳迹相似，这是蜥脚类恐龙游泳留下的足迹吗？是因为只有脚前部接触了水底而没有留下脚跟的印痕吗？

至少最开始的时候，我们觉得挺有可能的。立达还挺兴奋，觉得可以把这个发现作为当年的重点工作来搞一搞。但是，很快，有一个疑点就暴露了出来。那就是，有些足迹在脚后跟的位置还有点微微凸起。一个足迹，一些地方不踩凹下去也就算了，还凸出来一点，是不是有点古怪了？

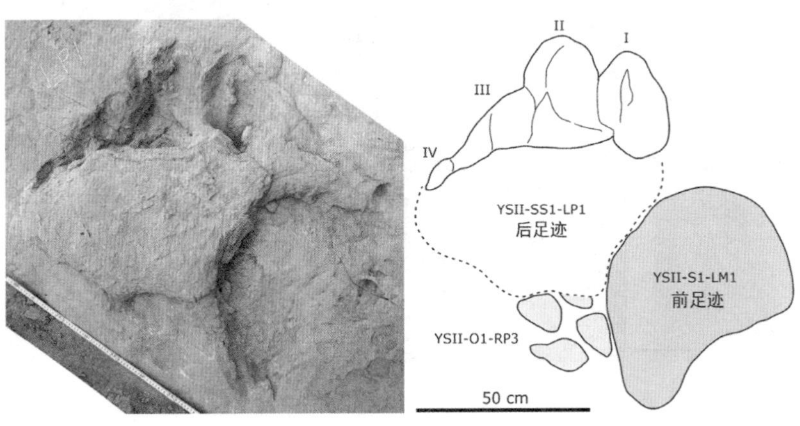

那这里就存在了另一种可能 —— 恐龙不仅没有在游泳，相反，沙滩太软了，而恐龙运动的时候足的力量也太大了点 —— 当恐龙行走的时候，它的爪子向后推动松软的泥沙，将后脚跟踩出的印痕又填了回去，所以，只留下脚前部的爪印。若是这样，这些足迹所能证明的，只是这个沙滩真的太软了 ……

为了验证这个观点，我们解读了人类在沙滩上行走的脚印，发现，在松软的沙地上，人脚印的中后方，同样也有了类似的覆盖，只不过人的脚长，泥沙不能整个将后面的凹陷盖住而已。

看来，之前以为是蜥脚类恐龙游泳足迹的想法是错误的。

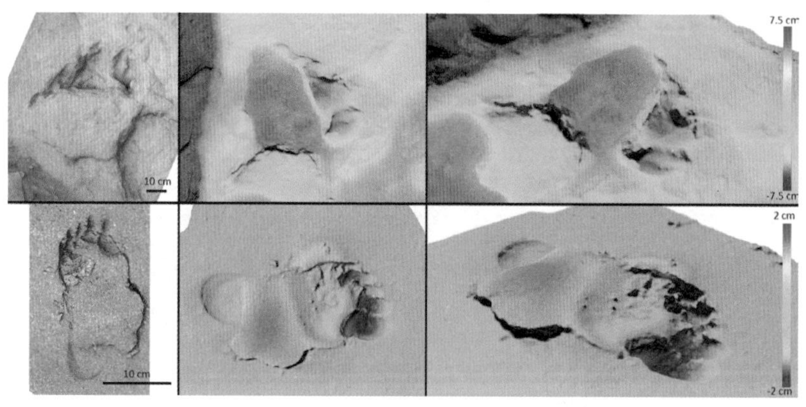

恐龙足迹与人在沙滩上的足印的比较

足迹场景复原图（张宗达 绘）

当然，最后得到这样一个结果，也是让人够纠结的。不过，科学不就是这样吗？并不是所有的结果都是我们所期望的。最终，我们这篇文章发表在了自然出版集团旗下的开放获取期刊《科学报道》(*Scientific Reports*)上。至于蜥脚类恐龙是否能够游泳，还得再找证据。

幻影行军的小恐龙

2014年的某天晚上，我正对着电脑宅在家里。立达发来了信息，他正在写一篇论文，写来写去，感觉总是不太满意，不知道要怎么再调整调整比较好。问我有没有兴趣进来插一脚，一起调整一下思路，看看如何能写得更出彩一些。

这种烧脑的好事我当然不能拒绝。那么，就先请他来讲讲这个故事，然后一起来分析一下其中的问题好了。

考察队员在进行野外作业

这次，他考察的足迹也在四川省昭觉县，不过这回没在矿区，至少不用担心第二天就炸没了。具体的地点在昭觉县的央摩祖乡，是由四川省地矿局区调队环资所在2013年夏季的区域地质调查中发现的。第二年，立达就带着马丁·洛克利（Martin Lockley）教授和金正律教授等专家前往查看。这两位老师都是我们恐龙足迹研究的老伙伴了，特别是洛克利教授，就是经常被立达挂在嘴边的那位马丁。

这批足迹在一片砂石岩壁下面，离地面大约5至9米，分布在一块大约26平方米的岩石上，大约有六七十个的样子，地质年代为白垩纪早期，距今1.2亿年前。最让人惊奇的是，这些足迹都很小，长度2.5~2.6厘米，被称为小龙足迹（*Minisauripus*）。你可以随手比划一下，几乎只能覆盖住成年人大拇指的指甲盖的样子。这是多么小的足迹啊！

“你确定是恐龙的足迹，而不是鸟的足迹吗？”我试探着问道。

“那肯定。我还不至于认错，而且，这也不是第一次发现了。”屏幕那边很有信心。

然后，我就知道了有关这种小龙足迹的一些历史信息。

小龙足迹，可以看到明显的爪尖

事实上，它的发现史可

以追溯到20世纪80年代，国内的学者在四川省峨眉山地区就找到了这种足迹，但是由于各种原因，真正公开是拖到了1995年。论文一经发表，就受到了学界的普遍关注。人们推测它可能是一类非常小的、吃草的鸟脚类恐龙留下来的。

但是，在2002年，洛克利教授和中国地质调查局的学者在山东省莒南县又发现了同类足迹，这批小龙足迹保存得更好，并且有着尖锐的趾痕。之前我们已经提过了，只有锋利的爪子才能留下尖锐的趾痕，所以，这个时候，之前造迹者的推断就得改改了——应该是吃肉的兽脚类恐龙。

此后不久，洛克利教授在韩国再次发现了这些奇特的足迹。

所以，掰着手指算下来，立达这一次，应该算是世界第四次、中国第三次了。不过，所有四个足迹点都在东亚地区，这就很值得玩味了。如果将来没有新的发现，看起来，小龙足迹的造迹者当年可能只分布在东亚地区。

那两厘米长足迹的造迹者，该有多大呢?

如果以此计算的话，造迹者的体长大约只有12厘米。这样的大小，差不多也就是麻雀那么大了。它的食物，只能是小昆虫之类的小动物了。而它的体型，在所有已知的恐龙里，应该算是最小的了。之前其他的物种，比如树息龙、小盗龙和小驰龙，它们的体长都大于20厘米，是鸽子级别的体型。

“如此说来，这就是最小的恐龙了？”我打趣地说道，“但是，你没有骨骼化石证据。而且其他地方也从未出土过对应的骨骼化石。”

事实上，我并不奢望能够在足迹化石周围找到骨骼化石。从某种意义上来说，它们的保存条件正好相反。足迹化石需要暴露在外界环境中，然后固化，而如果它周围有造迹者的尸体的话，这种暴露往往会造成尸体的破坏——它可能彻底腐烂，也可能被吃掉或者叼走。而最适合保存骨骼化石的冲积、埋藏方式，恰好又会比较容易破坏掉足迹。所以，两者若能凑到一起，会很难。而且，小型恐龙的骨骼脆弱，以化石的形式保存下来本身也会很难。

所以，现在的情况是，足迹化石周围没有伴生恐龙骨骼化石，而且在世界范围内也不曾有报道过这样小的兽脚类恐龙化石来对应这种足迹。

“现在，最大的问题是，我们必须证明这是成年恐龙留下的足迹。对吧？”

“嗯。那不太可能是幼年恐龙的足迹。”

“我知道。只有妥妥当当地论述好这里，才能踩在我们那个最小恐龙的立足点上。”

为什么我们这么执着于去论证造迹者是成年恐龙呢？那是因为，比较恐龙的体型的标准，都是成年恐龙，幼年恐龙不算数。这很容易理解，因为幼年恐龙都是从蛋里孵化出来的，一些体型比较大的恐龙，生下的蛋也没有多大。就是大型蜥脚类恐龙生下的蛋，低年级小学生应该也抱得动。这就使得刚刚孵化出来的小恐龙的体型是比较小的。但我们不能说它是小型恐龙吧？我们该说它是大型恐龙的幼年个体，对吧？

所以，我们得证明那是成年恐龙。

目前，所有4个化石点记录的小龙足迹几乎都不大，长度在1.0~6.3厘米，不过存在两例长度为16.1厘米和20.0厘米的较大型兽脚类恐龙足迹，在2012年的时候，金教授等曾把这两个足迹解释为这种恐龙成年的个体。

但是，那种判断的疑点是，在6.3厘米到16.1厘米这个区间内，是完全空白的——我们找不到“幼年个体”到“成年个体”的变化过程。而且，在所有的4个化石点中，只有这两个例外。相比把它们看成是小龙足迹造迹者的“成年个体”，我们更倾向于是混入了其他恐龙物种的足迹。属于小龙足迹中的“杂质”或者“干扰”。

与小龙足迹一起发现的大足迹

我们可以进一步推理。假如说这些小龙足迹确实全部来自幼年恐龙的话，会反映出什么情况呢？那只能是一小群年龄大小不一的幼年恐龙留下的。确实，尽管很多恐龙是不同年龄段的个体混合行动的，但幼年恐龙单独聚群也是有可能的，目前我们就知道亚成年的蜥脚类恐龙会单独成群行动。

若是如此，接下来，我们就要面临没有（或稀少的）成年恐龙足迹的尴尬了。因为理论上说，相比幼年个体的足迹，更大型的成年个体足迹会更容易保存下来。除非出现这样的状况：幼年个体不仅成群行动，并且偏好于在那些容易形成足迹化石的地方

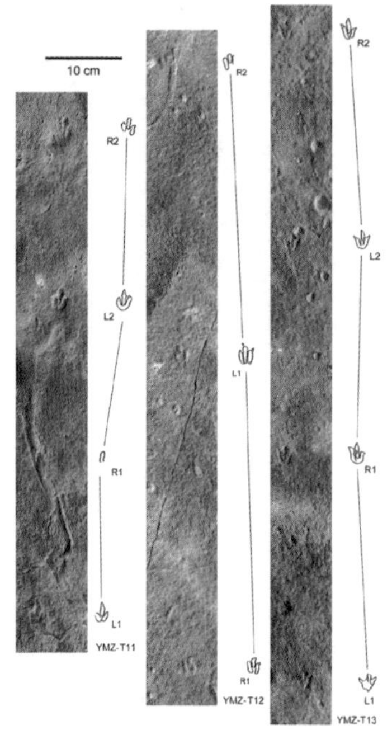

三条小龙足迹，可以看到它们的步幅很大。图中R是右足的足迹，L是左足的足迹，数字代表计数

活动。

这样一个解释，显然不能让人信服。

所以，还是让我们假设这些造迹者是体型很小的成年恐龙吧，尽管我们并不能排除它们来自于幼年恐龙的可能性。

另一个值得注意的事情是，央摩祖小龙足迹的步幅非常大，小龙足迹单步约10倍于足迹长度。这相当于成年人走路的时候一步能跨出去三米甚至更多，相当于一步越过一张半床，这是相当惊人的。那对于这种造迹者来说，它应该是相当擅长奔跑的恐龙。

从足迹上进行比对，立达发现保存最好的一个标本YMZ-T13-L2和小型兽脚类恐龙中华龙鸟（*Sinosauropteryx prima*）的骨骼对应比较好。说明造迹者和中华龙鸟这类恐龙应该比较相近。而中华龙鸟和美颌龙（*Compsognathus*）的骨学结构相似。从计算机模拟来看，美颌龙奔跑速度非常快，可以达到将近64千米/时（=17.8米/秒）。在此基础上进行估计，央摩祖小龙足迹的造迹者的奔跑速度可达到22.5千米/时，也就是6.2米/秒。

这个速度，和人的奔跑速度差不多，如果是大学生体能测试50米跑的话，这个速度女生可以拿到"良好"的评价，男生也可以及格。问题是，如果这个速度来自一个麻雀般大小的动物，那就恐怖了。

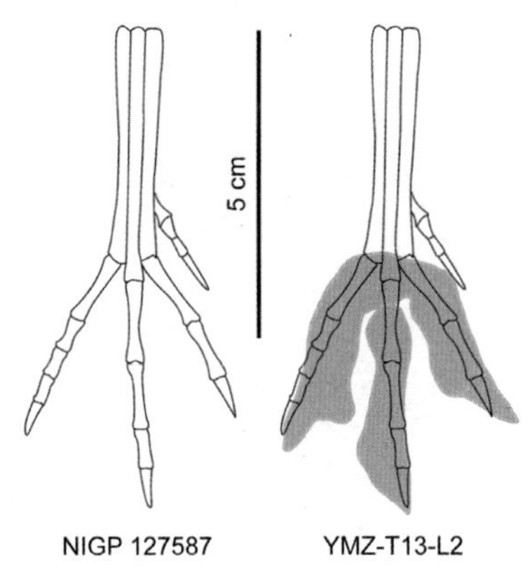

中华龙鸟（标本号 NIGP 127587）的脚部骨骼和 YMZ-T13-L2 足迹的吻合度是比较高的

这个速度，你可能无法用肉眼清楚地捕捉到它们，也许会像幻影一样，一闪而过？

最终，我们这篇文章经过调整和反复打磨以后，2016年，发表在了《古地理学，古气候学，古生态学》上。

小龙足迹场景复原图（张宗达 绘）

成群行走和围猎

有时候，我们经常会想，狮子、鬣狗等大型哺乳动物可以合作捕杀猎物，那么肉食恐龙呢？在面对大型食草恐龙的时候，它们会合作捕猎吗？至少，在很多电影或者复原场景里面捕食会有这样的场面，甚至在大名鼎鼎的《侏罗纪公园》里也是这样的。

这件事情至少可以追溯到美国古生物学家约翰·奥斯特伦姆（John Ostrom）。他在1969年定名了著名的恐爪龙（*Deinonychus*），其中的代表是平衡恐爪龙（*Deinonychus antirrhopus*）。它的后足上拥有锋利而显眼的大爪子，可以作为猎杀利器，它的体长大约为3.4米，生活在距今1.15亿一1.08亿年前的早白垩世，是机敏灵活的掠食者。而这个家伙后来就被《侏罗纪公园》的作者和导演看中，成了里面迅猛龙的原型。不过，剧组犯了一个错误，将这种恐龙和体型略小的伶盗龙（*Velociraptor*）弄混了。

恐爪龙类恐龙很爱惜自己的大爪子，它们在行走的时候会把那根脚趾翘起来，所以会形成很独特的两趾行迹。我们多次遇到过这样的行迹。不过立达还是在其中找到了三趾的爪印，这说明它们在路面不好走的时候也会放下爪子，以便于抓牢地面。

奥斯特伦姆显然对他命名的这类恐龙非常自豪，他认为恐爪龙要比其他掠食性的恐龙更社会化，1990年的时候，他还表示，它们也许会像狼或者鬣狗一样存在着合作行为。而他的观点的证据，就是恐爪龙化石最初被发现时的埋藏状态，现在，在耶鲁大学毕巴底自然历史博物馆仍然原样保存着当时的埋藏状态：四具恐爪龙化石和一具单独的、体型较大的草食性恐龙泰南吐龙（*Tenontosaurus*）化石埋藏在一起，也许这代表了当时四头恐爪龙合作杀死了这头7.5米的大家伙？

于是，人们想象了这样的场景，一伙饥饿难耐的恐爪龙躲在布满岩石或林木葱郁的地段，等待着恰到好处的时机。然后，这头庞大笨重的泰南吐龙出现了，恐爪龙们一齐冲出，将猎物团团围住。紧接着，猎手们从不同角度发动攻击，将脚上锋利的爪刺向那个倒霉的家伙。死神很快降临，甚至猎物还在痛苦地扭动和垂死挣扎时，恐爪龙们就开始大饱口福了……

很快，科学家将这种围杀大型猎物的行为推广到了其他掠食恐龙身上，特别是那些看起来和恐爪龙形态很相似的肉食恐龙身上。

但是，还是有科学家提出了质疑。布赖恩·罗池（Brian T. Roach）和他的合作伙伴丹尼尔·布瑞克曼（Daniel L. Brinkman）就是其中的代表。

这两个人觉得事情有点不太对。

在这里，我要特别强调一下猎物和食肉动物的体型对比。这意味着捕猎的合作水平问题。最高水平的合作具有很高的协作效果，可以杀死比单个猎手强壮得多、无法单独猎杀的猎物。比如狼群可以将北美野牛群分割，然后围攻、杀死落单的野牛。这种能够杀死大体型猎物的捕猎方式，专门有个称呼，叫“pack hunting”。直接翻译过来，就是“群捕”的意思，但我还没有见过到准确的译法，就姑且称之为群捕吧。

虽然群捕可以猎杀到比自己体型大的猎物，让每个群体成员都吃得饱饱的，但是，这种围杀比自己体型还要大的动物的情况只发生在哺乳动物中，和恐龙亲缘关系很近的鸟类中从未发现过。而在鸟类及更低等的爬行动物中，比如科莫多巨蜥（*Varanus komodoensis*），往往是一个猎手单独捕杀了猎物，然后大家一起赶过来来分享……即使会有多达6只栗翅鹰（*Parabuteo unicinctus*）进行合作围猎，围堵小型猎物，仍是由一个猎手在最适合的时机给予猎物致命的一击。因此，猎手数量的增加，只是增大了捕食成功的概率，并没有扩大猎物的体型。和鸟类接近的恐龙掠食者，真的会围杀比单个猎手所能捕获的更大的猎物吗？其实，食肉恐龙进攻大型食草恐龙也未必一定需要杀死对方，只撕咬下一块肉来也是可以果腹的吧?

罗池等人决定亲自去看一看那个化石埋藏的场景，结果，他们并没有看到埋藏在一起的恐龙化石表现出任何围猎的姿态，它们只是躺在一起罢了。显然，埋藏在一起并不代表着是这四个家伙杀死了猎物，相反，完全可以用鸟类和爬行类的行为来解释，于是，又一个新的场景版本出现了:

一头泰南吐龙因为某些原因变成了尸体，也许是一头恐爪龙幸运地干掉了它，也许是别的原因，总之，它死了。附近的恐爪龙闻见气味，赶来分食。这个时候，恐爪龙们通过彼此争斗来决定各自的进食部位，那些不够强壮的成年或幼年个体会被驱赶，甚至被杀死，一同吃掉。而化石埋藏的四条恐爪龙恰好都是未成年的，它们很可能不是猎手，而是在赶来进食时被同类一并杀死的……这个景象可能更接近鳄鱼或者秃鹫进食的样子。

于是，这个曾作为恐龙围杀大型猎物的“确凿”证据被推翻了？至少，它已经很可疑了。

现在，我们必须退回起点。从头开始。

首先，我们已经确切地知道，恐龙社群确实存在。通过恐龙足迹化石，我们知道鸭嘴龙是成群迁徙的，在这个群体中既有用两条后腿行走的幼年个体，又有四肢着地行走的成年个体。在之前的章节，我给大家介绍的莲花保寨的鸭嘴龙足迹，就能反映出这样的情景；我们还知道了，体型巨大的蜥脚类恐龙是根据年龄分群的，那些体型较大的个体形成成年群体，而那些体型较小的幼年个体则单独形成另一个群体。那些众多方向相同的行迹，暗示着很多肉食性恐龙和植食性恐龙经常以各种形式的群体为单位进行活动。另一个证据则是存在很多由化石堆积在一起的“恐龙乱葬岗子”，科学家称之为“骨床”。其中一些显示，大量单一种类的恐龙因为各种偶然事件被埋藏在了一起，很可能，在这些灾难发生之前，它们应该是成群生活的。从这个角度上讲，恐龙们的社会化程度还是比较高的。

接下来的问题是，兽脚类恐龙会不会成群活动？如果会，它们的合作水平高不高？

以我个人的信念，我倾向于对这两个问题同时给出肯定的答案。但是，对科学来说，证据才是最重要的，我的个人倾向，没有意义。

第一个问题，已经有了充足的证据。已经有太多兽脚类恐龙平行前进的足迹——这些足迹不仅方向相同，其中一些甚至连每个足迹的位置都大体对齐。这说明这些食肉恐龙是在并排行走，齐头并进。毫无疑问，这是成群活动。

而立达发现的另一个例子就更有趣了。这个足迹点位于山东省诸城市皇华镇的皇龙沟，这是一个相当大规模的恐龙足迹化石点，单表层暴露的恐龙足迹就有2200多个，后来又清理出来了

皇龙沟足迹点发掘现场。图中清晰可见的那些“坑”是大型蜥脚类恐龙的足迹，它们的足迹真是挺大的

2000来个。所以这是一个规模相当巨大的足迹群了。

这么多足迹，难免就有故事了。

经过勘察，这些足迹可能至少分成两个时期形成：第一个时期是大型蜥脚类恐龙群体迁徙；第二个时期就是大量的鸟脚类、兽脚类恐龙在水源地附近留下的足迹了，这些足迹压在了蜥脚类恐龙足迹的上面。而故事，就发生在后面的这次造迹活动中。

在这次造迹活动留下的足迹里，有大量较小型的兽脚类恐龙的足迹，这些足迹密集而散乱，似乎群体正在遭遇什么事情。而在这些较小型足迹群的外围，我们看到了较大型兽脚类恐龙的行迹。这些行迹似乎将较小型足迹截断，或者说，分割包围。

在这种情况下，我们更倾向于用较大型的食肉恐龙对猎物的合作围剿来解释这个足迹蕴含的故事。它们也许是慢慢靠近、围拢那些较小型的恐龙，然后冲入它们的群体中，打乱它们的阵形，然后大快朵颐。

然而，这个景象，更像是一群海豚冲进了鱼群，而不是狼群或者狮子围攻大型猎物。

皇龙沟上层足迹场景复原图（张宗达 绘）

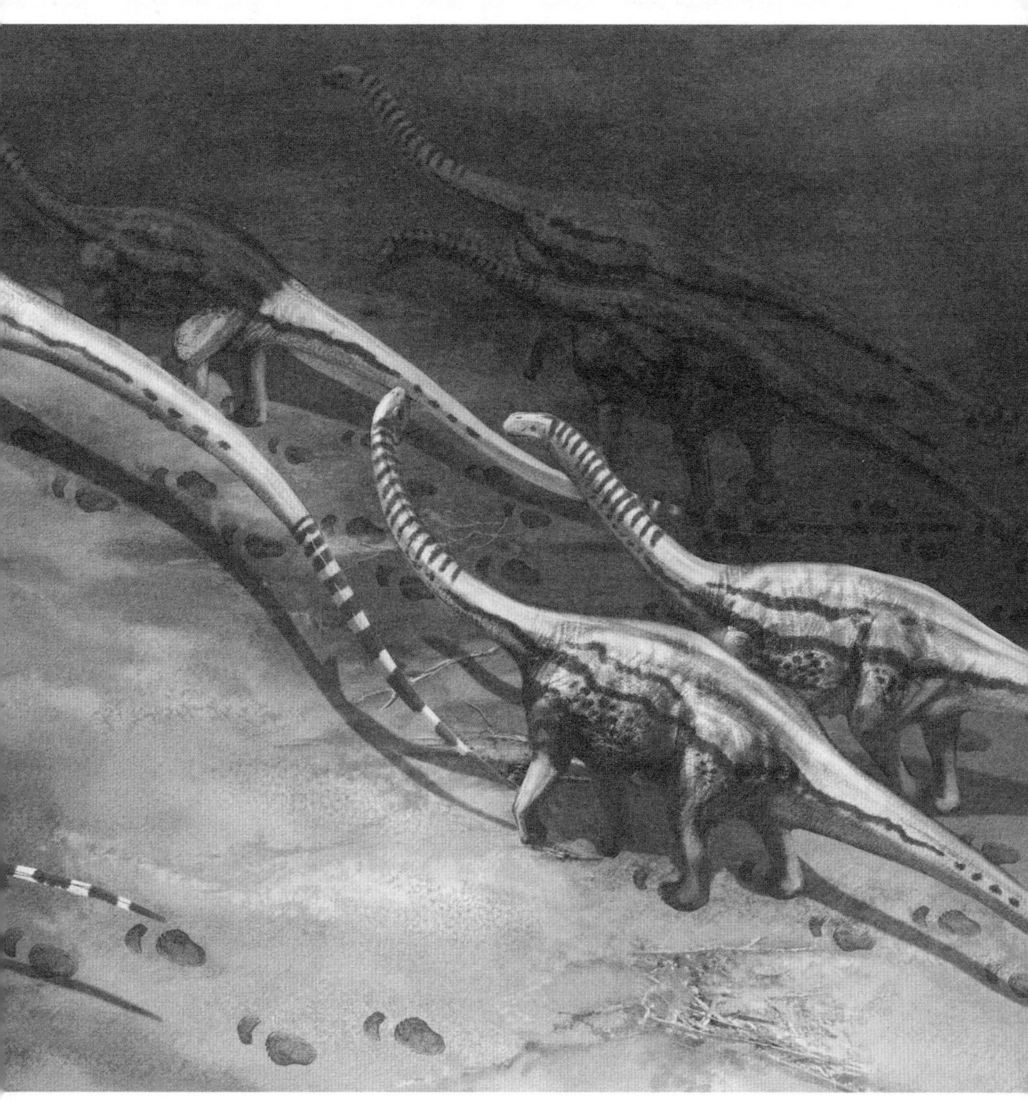

食肉恐龙围捕猎物的场景复原图（张宗达 绘）

第三章·古病理篇：恐龙生病了

异常生长的骨头

西方，落日洒下了余晖，森林被映红了。白天活动的动物们开始寻觅在夜晚藏身的栖息地。一群马门溪龙正稳健地走在林间，它们是体型巨大的蜥脚类恐龙。

然而，在马门溪龙没有注意的角落里，正潜伏着一头有9米长的大型食肉恐龙——和平永川龙。它饥肠辘辘，决定铤而走险。

近了，近了……和平永川龙默默地判断着最佳的攻击距离。

猛然间，它冲了出去。

它张开血盆大口，试图咬住一头猎物。

马门溪龙在短暂的惊慌后，慢慢收紧队形。它们像鞭子一样扬起自己的尾巴，抽动的尾尖划过空气，发出清亮的响声。

啪！一条尾巴抽中了和平永川龙！它听到了自己骨头碎裂的声音，它痛苦地咆哮着，但仍不愿意放弃。啪！又是一下！

和平永川龙退却了。

马门溪龙们安全了，但对这头和平永川龙来说，这将是个难熬的夜晚。

掉了一颗牙

古病理学是我们研究的另一个领域，也是一个很小众的领域。通过古病理研究，我们可以了解一种疾病，是如何伴随着生物的演化而产生、变化的，能够让我们更好地了解疾病，明确它的发展规律。

先让我们从2007年开始，地点在云南省禄丰县的世界恐龙谷。技师在修理一块三叠中国龙（*Sinosaurus triassicus*）的头骨。这是一种长约6米的肉食性恐龙，头顶有两个突起骨脊，它有牛排刀一样锋利的牙齿和强壮有力的头部，是个凶猛的家伙。有趣的是，它的种小名是取自“三叠纪的”的意思，但实际的分布时代应该是侏罗纪早期。

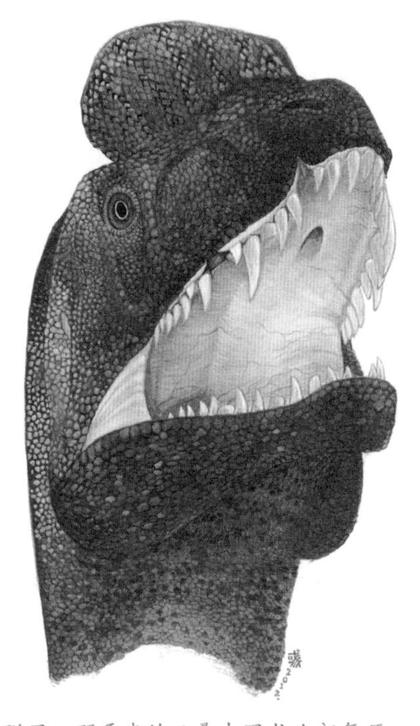

脱了一颗牙齿的三叠中国龙头部复原图（刘晨彧 绘）

这事还得继续往回倒推，回到20世纪40年代，著名古生物学家杨钟健先生的时代。那时的中国，战火纷飞，杨先生就在这样的环境中，开拓着中国的古生物学研究。作为我国古生物学的奠基人，他的研究领域几乎涵盖了从鱼类到古人类的所有古脊椎动物。在二十世纪三四十年代，几乎是杨先生一人承担起了整个恐龙学的研究。三叠中国龙就是在这个大背景下被发现的，当时，对发现地的地层判断为三叠纪晚期。因此才有了三叠中国龙的名字。

后来，三叠中国龙的关键性标本（编号 KMV 8701）是在1987年发现的，当时经过初步的研究，在1993年，它被定名为“中国双脊龙”（*Dilophosaurus sinensis*）。但是，之后，更多的化石出现了，中国双脊龙的信息越来越完善。这是一种较大型的食肉恐龙，体长可达五六米的样子，它的头顶有两个耸起的高脊，估计是用来吸引异性或者是向同性传达出威胁信息的，在真刀真枪的战斗中并没有太大作用。

到了2003年，董枝明老师在研究三叠中国龙的时候发现，它的标本和中国双脊龙看起来很像，应该是同一种恐龙。根据物种命名先到先得的原则，中国双脊龙被撤销成为一个异名（无效名），而三叠中国龙则被确定为合法名称，哪怕它的种小名描述错了地质时代。

眼下这块化石的编号为ZLJT01，采集自云南省禄丰县的乡下，距今1.9亿年前。标本包括了颌骨、牙齿、鼻嵴、后头骨等部分头部骨骼和身体其他部分的一些碎片。在修复过程中，发现它的右上颌骨掉了一颗牙齿。这里不是指它死后形成化石的时候掉了牙齿，那种脱齿太常见了，几乎可以说是普遍现象。经过了上亿年的时间，别说遗失一些牙齿，就是只剩下一两颗牙齿都很正常。我们说的是，这颗牙齿，很可能是它生前的时候脱落的。

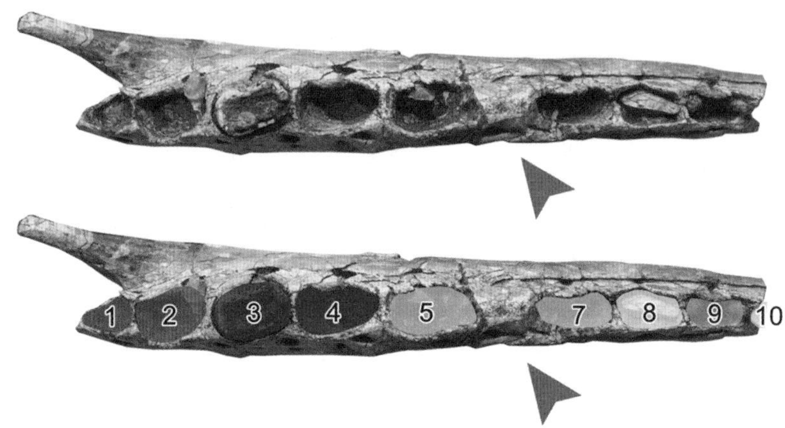

三叠中国龙疑似脱齿的位置（箭头位置），上图为样本，下图为图解

关于这块标本的研究，是我第一次介入古病理学领域。之前立达已经弄过一篇了，发表在2009年的《中国地质通报》英文版上，那是一篇和平永川龙（*Yangchuanosaurus hepingensis*）肩胛骨骨折的案例。

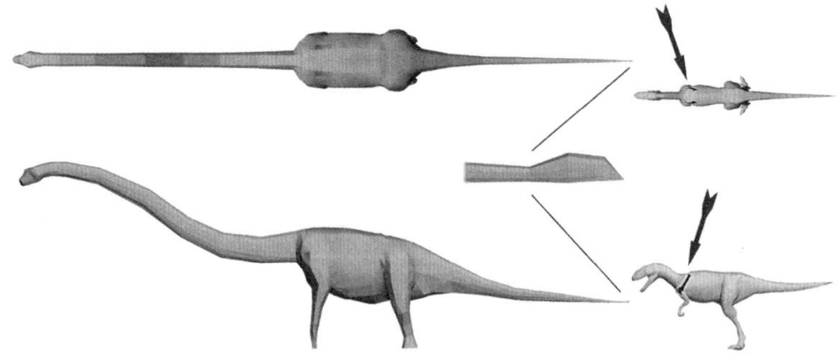

和平永川龙的这个骨折案例，很可能是在捕食过程中被蜥脚类恐龙的尾锤击中造成的

有时候，我也在想，恐龙会生什么样的病？我非常相信它们会得今天的很多种疾病。比如，流感。我们可以通过鸟类来推测恐龙，它们是恐龙的后裔，关于这一点，我会在后面的章节详细介绍。鸟类会因为空气差、鼻腔感染、异物等打喷嚏，因此恐龙可能也会打喷嚏。你可以想象一下：霸王龙挤眉弄眼，然后打一个喷嚏出来，再像某些鸟类那样左右甩一甩大脑袋……

恐龙应该会得流感。迄今为止，所有的流感病毒类型都在鸟类中发现过，而且很多流感都是从鸟类开始爆发，从禽流感演变成其他流感。因此有人推断，流感可能起源自鸟类。那由此向上，作为鸟类祖先的恐龙，很可能会得流感。

但是，我们找不到证据。因为这些疾病几乎不侵染骨骼，而经过了亿万年，血肉早已消失，骨骼化石并不能反映出当时的疾病。所以，今天我们所能推定的疾病，必须对恐龙的骨骼造成了影响。

当然，没有人见过活的非鸟恐龙。关于它们的疾病，我们是通过现生动物的情况来推定的。这种推定也是靠谱的。因为在演化的层面，恐龙是如假包换的脊椎动物，是介于爬行动物和鸟类之间的类群，今天，脊椎动物类群依然繁盛，爬行动物和鸟类也很多样

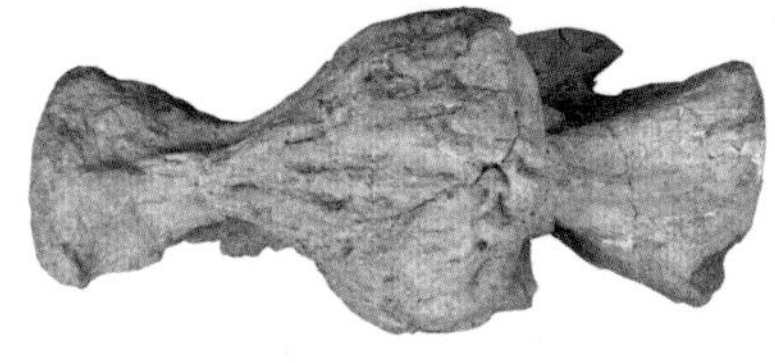

和平永川龙骨折的肩胛骨

化。因此，通过这些动物来推测恐龙的疾病，是没有任何问题的。

比如和平永川龙肩胛骨骨折了，然后骨折的地方又愈合了，那么，首先，骨头可能会错位，然后重新愈合的地方，会鼓起一个硬邦邦的“大疙瘩”，它是骨组织损伤以后再生的证据，通常称之为“骨痂”。这种情况在恐龙里面不少见，甚至可以说是恐龙古病理学中最常见的情况之一。

牙齿的脱落也是这样，能够有比较明显的证据留下来。如果这颗牙是在恐龙死后才脱落的，那么，在颌骨上应该有个坑留下来，这个坑，正好应该是牙齿着生的位置。而在这块颌骨应该长那颗牙的地方，变得非常平坦。也就是发生了“齿槽重塑”，或者说，那个原来长着牙齿的“坑”已经被抹平了。这只能是恐龙在牙齿脱落以后，又存活了一段时间，至少活到了牙槽消失的那个时候。事实上，在哺乳动物中，病理或创伤性的牙齿脱落也通常会引起牙槽骨的吸收和重塑。至于牙齿脱落的原因，多半是捕食的时候用力过猛，引起了脱齿。这样的情况也有化石证据，曾经有植食性恐龙的化石中发现嵌入了肉食恐龙的牙齿。

最终，我们以封面文章的形式将这篇文章发表在了2013年的《科学通报》英文版上。

奇怪的椎骨

大概是在2012年前后，立达的学生时代还没有结束，他给我发来消息："我找到了两组很有趣的椎骨，跟正常的椎骨不太一样。"

接下来，我看到他传来的图片，确实不一般。这两组椎骨分别属于两头侏罗纪早期的原蜥脚类恐龙，一组是两节颈椎骨异常地长在了一起，另一组则是两节尾椎骨异常地长在了一起。两节颈椎的标本编号为 ZLJT001，是许氏禄丰龙（*Lufengosaurus huenei*）的第七、第八颈椎。许氏禄丰龙和前面提到的云南龙一样，是生活在侏罗纪早期的原蜥脚类恐龙，它们有长脖子和长尾巴，像后来的梁龙等大型蜥脚类恐龙一样，吃植物为生，不过它们的体型没有那么庞大，后腿要远较前腿发达，既可以四足行走，也能两足行走。许氏禄丰龙是杨钟健先生首先发现的，是我国第一具完整的恐龙化石标本，这也是中国人自己发掘、研究、装架的第一种恐龙。至于那组两节尾椎的标本，它的编号为 ZLJ 0033，应该属于某种基干蜥脚类恐龙（basal sauropod），但是因为信息不足，还没有确定具体物种，具体部位是第四、第五尾椎。

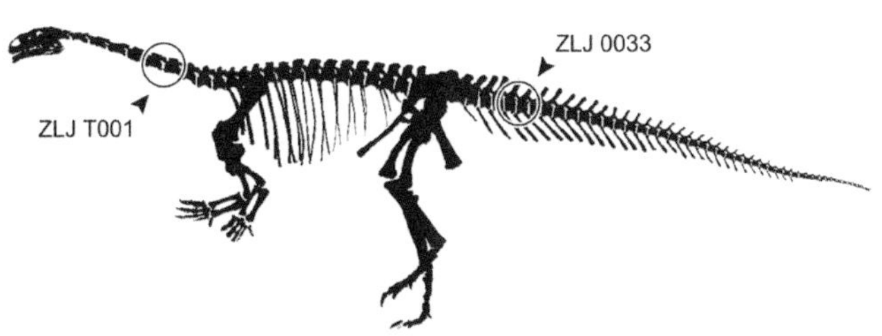

愈合在一起的两组椎骨在恐龙身上的大致位置

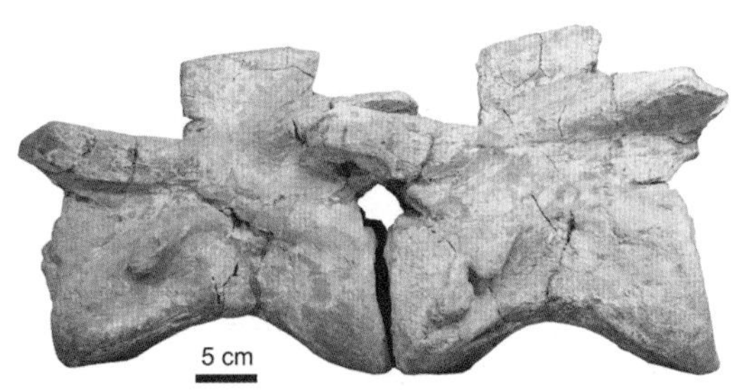

许氏禄丰龙正常的第七、第八颈椎

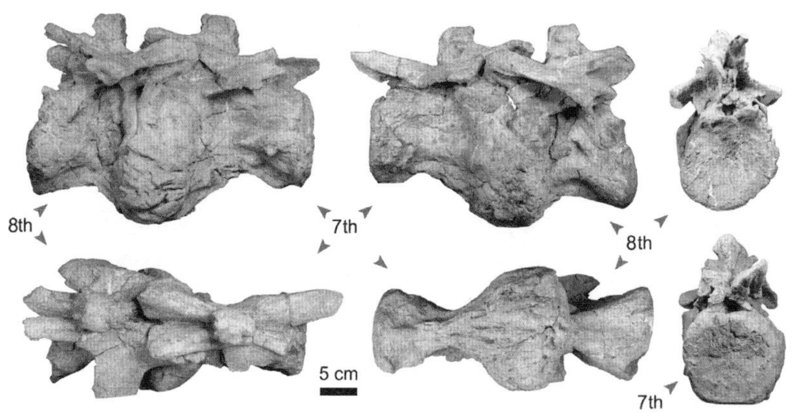

ZLJT001 异常的颈椎骨的各个角度，7th 代表第七颈椎，8th 代表第八颈椎

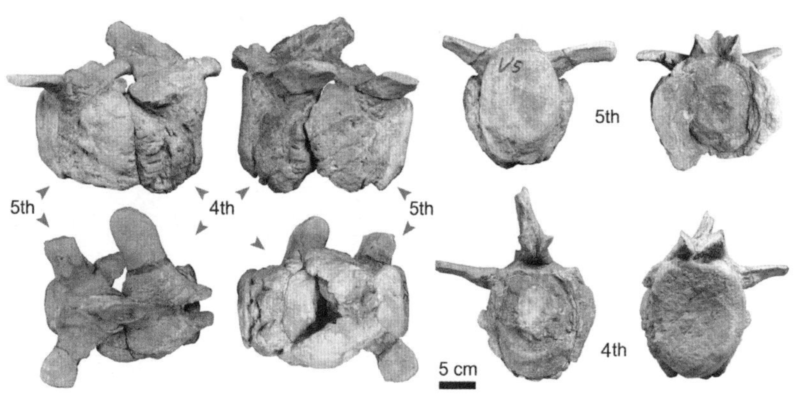

ZLJ0033 异常尾椎骨的各个角度，4th 代表第四尾椎，5th 代表第五尾椎

然后，立达就告诉我，他已经给布鲁斯 · 罗斯柴尔德（Bruce M. Rothschild）教授发了邮件，老教授认为这应该是病变。罗斯柴尔德教授是古病理学的老前辈，之前，我们三叠中国龙的研究同

样也得到了他的指导和帮助。这一次，立达首先想到了他，并且询问了他的意见。

不过，最初，罗斯柴尔德教授判断这两组椎骨化石不是同一种类型的病理结构。他认为这两节颈椎骨连接在一起应该是外伤所致。理由是第八颈椎看起来有点短，有可能有点变形，而且在这组标本的腹面，看起来有点裂纹的样子。所以，他的判断是，这里的骨头可能破碎过，然后又重新长好了，结果留下了一些变形和裂纹。

我和立达仔细检查了化石，并没有发现第八颈椎有明显的形变。至于裂纹，立达说："裂纹在哪儿？底下中间那道吗？九成是挖掘的时候不小心弄破，然后用胶水粘起来……"

看起来，是传给罗斯柴尔德教授的照片在拍摄角度上给他造成了误判。于是，我们又发了各个角度的照片给他。这下，他也看出来了，底下果然是人为失误造成的破损。他也终于给出了我们认同的判断——脊椎关节病（spondyloarthropathy），与两节尾椎骨的情况相同。

我们首先弄清楚了两节椎骨是怎样连接在一起的。既不幸又幸运的是，在前期的处理中，工作人员将第四、第五尾椎的结合部位弄开了。所以，我们就可以很清晰地看到每一节尾椎的两个关节面。其中，两个椎骨朝向第三、第六尾椎的两个面是完全正常的关节面，非常平滑，而它们之间的关节面就不一样了，上面有凸起和增生。看起来，这是纤维环（annulus fibrosus）的骨化和增生。

所谓的纤维环是椎骨之间相连的软组织，属于椎间盘，在其组织面上形成了一圈圈的同心环。你在啃骨头的时候，掰开两个椎骨，就能看到这些结构。如果没有骨化，它应该是坚韧而有弹性的。一旦骨化增生，纤维环会从关节面的边缘向外伸出，并且“抱住”相邻的椎骨，两块椎骨也就连锁到了一起。这是脊椎关节病的特征。

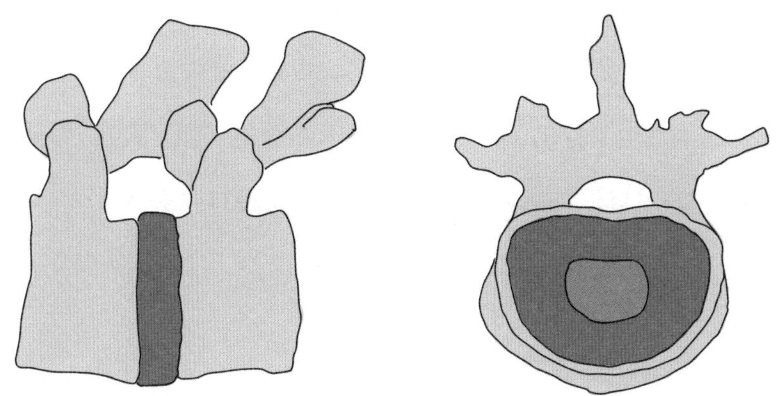

纤维环，以红色标出。右图中央的浅色区域为髓核（nucleus pulposus）

当然，为了更有说服力，我们也要从否定的角度入手，排除掉其他的可能性，把脊椎关节病和其他疾病区分开。由于椎骨关节连接处平滑，没有突起的骨痂，也没有骨骼变形，之前说的由骨折后愈合的可能性可以排除。由于没有骨侵蚀的痕迹，由于微生物感染造成的病变也可以排除。

另一个需要排除的疾病，是弥漫性特发性骨肥厚（diffuse idiopathic skeletal hyperostosis，DISH）。它很容易和脊椎关节病混淆。弥漫性特发性骨肥厚也是在脊椎部分出现的常见疾病，在脊椎外也会发生在骨盆，其结果，也是会引起骨骼的愈合（fusion）。不过它有两个特点和我们这些标本是不同的。首先，它的发病范围更大，通常至少会涉及超过三节椎骨。其次，它的骨化位置不同，通常是韧带、肌腱骨化，也就是骨头外面那些和它相连的结构发生了骨化，并且通常会在脊椎骨的前面（腹面）形成波浪状的骨化结构。而这些在我们的标本上是没有的。

连锁的骨头

在我们这个研究之前，在世界范围内的蜥脚类恐龙中已经有了一些脊椎关节病的案例报道，比如圆顶龙（*Camarasaurus*），这也是之前恐龙中最早的脊椎关节病记录，时间是侏罗纪晚期。我们这个，比它早，所以就把它顶掉，成了这个疾病在恐龙中的最早记录了。同时，这也是第一次在原蜥脚类恐龙中报道这一疾病。除此以外，在鸭嘴龙类、角龙类等中，也有脊椎关节病的报道，总体来说，这应该是恐龙中比较常见的疾病了。

这时候，我也在思考，得了这种病的恐龙会比较痛苦吗？它的生活会受到影响吗？

我猜，如果比较严重的话，是会有一点影响的。如果压迫了神经，也许会造成神经功能的障碍或者引起疼痛；如果压迫了食道，大概会引起吞咽困难。

但另一方面，罗斯柴尔德教授在邮件中给我提到了一个例子，就是一个弥漫性特发性骨肥厚的患者，这是他在1982年的论文中报道的。患者有10节椎骨长到了一起，但是也没有什么痛苦的症状，对四肢等关节的运动也没有影响。大概也只是脊椎的柔韧性受到了点影响。

这样看来，如果仅仅是两节椎骨愈合，只要没有压迫到关键部位，大概不会造成什么影响。愈合的椎骨在颈椎和尾椎中也只占一小部分，本来蜥脚类（或者原蜥脚类）恐龙的脖子就硬，再稍微硬一点似乎也没有什么大关系 —— 有些复原图会把它们的脖子画得像蛇一样灵活地扭曲着，那是不对的，它们的颈椎骨长而数量少，长颈鹿那种硬脖子的造型才更适合它们。对于尾椎的影响差不多也是如此，由于这两节尾椎骨比较靠近尾巴根，对尾巴的柔韧性也几乎没有影响，所以，多半它们感觉不出太多不适吧？

另外，我们发现了一个很有趣的事情。在当代的大型哺乳动物中，出现椎骨之间愈合的事情，还是挺多的。甚至脊椎关节病的比例似乎在随着进化而增加，如在中新世的马中，脊椎关节病的概率不足1%，而在上新世的马中上升为2%，在更新世达到了3%，而在现代马中则达到了8%。这一情况在犀牛中也类似，甚至从渐新世的5% 上升到了今天的35%。当然，还需要更多的调查和研究来

非洲草原上的长颈鹿（图虫创意）

林木中的马门溪龙（图虫创意）

确认这件事情。不过即使如此，我们也不得不考虑，脊椎的部分椎骨愈合，可能会带来某些进化优势。

最合理的解释是，由于椎骨之间的关节是微动连接，也就是关节只能轻微弯曲，即使少量关节愈合了，对脊椎的影响并不大。特别是对那些体型较大，或者不需要脊椎特别柔韧的物种，也许更有利一些 —— 虽然脊椎丧失了少许灵活性，但是变得更加坚固了，可以支撑它们沉重的身体。

在恐龙中，同样存在支持这一观点的证据。在长颈恐龙中，椎骨之间发生愈合的情况比较常见，但不见得一定是脊椎关节病，特别是在雷龙、梁龙和之前提到的圆顶龙中。1991年的时候，罗斯柴尔德教授他们提出过一个观点，认为通过愈合加固的椎骨可能在交配的时候能够获得好处。毕竟两条巨龙都那么重了，还要趴在一起，对脊椎的强度确实是个考验…… 另外，在一些角龙中，最前面三节颈椎愈合成了一个被称为“syncervical”的结构，也是为了能够支撑起那沉重的大脑袋。如此说来，即使是疾病，也有可能具有两面性。

毒舌编辑与烂英语

思路明确了，接下来就是写论文了。这类论文的结构的套路我们已经比较熟稔，主要有标题、摘要、关键词、介绍、地质背景、材料和方法、结果、讨论、结论，然后再加上致谢和参考文献之类的。当然，每一部分都有一些规则和技巧，之前我也是走了不少弯路，即使今天，也不敢说自己已经修炼到了火候。

标题是对论文的总概括，此外，在将来论文发表以后，有人研究相同领域的时候，要方便它被检索到。所以，论文的标题，在体现论文内容的时候，也要有一点体现关键词的意识。我们当时用的标题是“Vertebral fusion in two Early Jurassic sauropodomorph dinosaurs from the Lufeng Formation of Yunnan, China”，翻译过来的意思就是“在中国云南禄丰组地层发现的两例早侏罗世蜥脚龙形类恐龙的椎骨愈合”。

和标题配合的关键词是“Dinosauria（恐龙超目）”、“sauropodomorph（蜥脚龙类）”、“spondyloarthropathy（脊椎关节病）”、“Jurassic（侏罗纪）”、“Lufeng Formation（禄丰组）”和“China（中

国)”。整体来看，中规中矩。不过以今天的眼光来看，我们还是丢了一些关键信息，比如物种名许氏禄丰龙(*Lufengosaurus huenei*)。后来在写论文的时候，一些合作伙伴会特别强调，如果只涉及一两个物种，一定要把涉及的物种名写进标题或者关键词里面。

介绍部分是要把研究的背景、价值，以及曾经做过的相关研究做一个简单的介绍。因为现在的研究领域分得很细，多数情况下，你的读者并不十分熟悉这个领域，哪怕他是个博学的科学家。

地质背景是古生物学和地质学论文里面独有的，对我们来说，主要介绍化石的发现地、埋藏状况及地层特点。

材料和方法是介绍我们使用的化石材料的状况，以及采用了什么方法来进行研究，比如使用了什么仪器，进行了哪些分析，等等。

结果则是用论文里提到的研究方法，最终得出了哪些数据等。然后就是讨论，讨论是对结果的分析，同时也可以在这部分里提出观点。一般对新手来讲，结果和讨论两部分是最容易混淆的。比如我得到了一个数据，对数据的描述，应该放在结果部分，而由数据得出的观点，则应该放在讨论部分。而很多人习惯于写完数据以后，随手加上一句“这说明了……”或者“通过比较……”，这些，应该放在讨论里面。

结果和讨论是论文的主体部分，通常会很长。结论，是对论文的最后陈述，也是总结性内容，通常会很短。

最后，是致谢和参考文献。致谢部分主要是对那些为研究提供过帮助，但贡献又不足以列为作者的人和单位进行感谢。

当然，并不是每篇论文都有所有的这些组成部分，其中一些部分是可以根据情况省去的。比如我们这篇论文，因为以描述为多，描述性的语言放进了材料部分里，所以，省去了结果部分，材料部分后面直接就是讨论部分。

关于语言方面，我们有几个合作的老师很看重著作权和名誉问题。在写作“饕餮迹”的论文的时候，一位老师就很明确地在邮件里面和我们说，论文一定要用自己的语言来写，不可以像某些论文那样复制粘贴别人一小段。不，不只是一小段，他的要求是，哪怕两个逗号之间的小短句和人家一样也不行，即使标了出处也不可以，那也算剽窃。你如果想引用人家的观点，用你自己的话重新表述一遍，然后，标注出相关的文献出处。最初，这个要求对我来讲，是有点震撼的。但是，现在我很感谢他当年的话，严格的要求，对于人的成长，是大有裨益的，也可以避免将来很多可能出现的麻烦。

最终，这篇文章，投给了学术期刊《波兰古生物学学报》(*Acta Palaeontologica Polonica*)。然后，我们遇到了一位相当友好，但是非常能吐槽的、让人印象深刻的毒舌编辑。

在第一稿里，我们讨论了脊椎关节病的不同亚型，并且列出了它们的病理和特点，包括强直性脊柱炎(ankylosing spondylitis, AS)、银屑病关节炎(psoriasis arthritis, PA)、肠病性关节炎(inflammatory bowel disease associated arthritis, IBDA)、增生性脊柱炎(退行性脊柱炎)(hyperplastic spondylitis)、反应性关节炎(reactive arthritis)、不能归类的类型(undifferentiated spondy loarthropathy, uSpA)等亚型。每一个亚型，我都用了一小段进行介绍。

然后，编辑毫不客气地把稿子打回来修改，还附上了一句：这是在写教科书吗？……

末尾，还不忘补上一句暴击：Bad English（烂英语）！

虽然明知是调侃，但还是让人心里有点小郁闷。不过，英语确实是个大问题。对于非英语母语的人来说，写英文论文确实不容易。

虽然我很喜欢用中文写，但是我们的文字，还没有达到可以用来与世界同行沟通的影响力。目前，我们还只能用英语来写论文。我期待着，有一天，我们的国家足够强大了，我们的科学和文化有了足够的影响力，那时，情况也许会大为改观。

这也不是我第一次被人说英语烂了，只不过别的编辑一般会说得比较委婉，比如“你们应该在学校里找一个母语是英文的人来改改，这样论文可能会流畅很多”。确实，最直接的方法就是找一个这样的人，以减少我们在文字处理上可能犯的错误。

之前有一个团队在这个问题上就翻了车。那是一篇关于人手部协调性的论文，2016年初发表在了《科学公共图书馆·综合》（*PLoS ONE*）上，实验和数据都没有问题。但是，用错了词。在这篇论文中出现了“creator”（造物者）这个单词。如果从中文写作的角度上来说，我们可以文艺地感叹一下人手结构的神奇或者造物的神奇，看起来也没有什么太大的问题。但是，翻译成英文，“creator”一出现，语意不仅加重了，而且还挑动了一些科学家的神经，他们认为这是在宣扬造物主的神创论，与科学格格不入。结果，这引发了一场争论，甚至出现了相当尖锐的批评，在这样的大背景下，论文被刊物撤稿。这真是一件让人委屈又无奈的事情。

对于我们这篇论文，我们按照编辑的要求做了细致的修改。再次提交。顺利收稿。编辑发来了邮件，表示了祝贺，但是，末尾，仍然不忘吐槽，说我们这篇文章和他们杂志文章的标准格式有“a million miles away（百万英里远）”的距离。得了，居然比十万八千里还远好多。

一根肋骨背后的血案

在林间，一头禄丰龙正用后肢立起，努力去吃高处的叶子。鲜嫩的枝叶让它沉浸其中。危险却在一点点逼近。一头同样体型巨大的三叠中国龙正借助树木的遮挡一步步靠近它。这头巨大的捕食者蹑手蹑脚，几乎悄无声息。

近了，近了。禄丰龙仍然毫无察觉。

三叠中国龙冲了出来，一口咬了上去。禄丰龙只来得及避开脖子的要害！它被咬中了肩膀。它剧烈挣扎，猛然甩开了食肉恐龙，朝另一侧快速逃去。它在逃跑过程中甩动的尾巴，挡住了食肉恐龙追击的动作。

它，逃脱了。但是，伤痛才刚刚开始。在湿润的林地，这个伤口逐渐扩大、感染……

有洞的肋骨

我们需要把时间倒回到1997年，那时候我还在上初中，怎么也不会想到将来会和当时远在云南省玉溪市的一次恐龙发掘活动联系在一起。具体说，是易门县的脚家店。那里发现了3具禄丰龙化石标本。这些化石被送到了本市博物馆进行清理、编号、收藏。最初，谁也没有发现化石有什么不对劲的地方。直到一年以后，也就是1998年，馆员王溢老师在室内进行整理修复的时候才发现问题。王老师是兽医出身，以他的专业直觉来看，其中有一根肋骨有点与众不同。

这根肋骨所在的禄丰龙标本装架大概6米长。除了一些其他肋骨，还有肩胛骨、肱骨、坐骨、肢骨和椎骨等骨骼，是一个相对完整的禄丰龙化石样本。别的骨头都很正常，唯有这根肋骨存在一定程度的变形。而且在肋骨大约三分之一的地方，存在一个从前向后的穿孔。

病变肋骨的位置

肋骨上的穿孔

病变肋骨的不同角度

王老师敏锐地发现，这里面也许有故事。于是，这根肋骨被单独收藏着。直到2015年，王老师和立达相遇。

王老师遇到邢老师，于是，自然而然聊到了这根肋骨，这根肋骨也就进入了我们的研究视野中……

我们细致地观察了这根肋骨。轻微变形正是发生在穿孔的位置，这个孔横向贯穿了肋骨，孔正面呈一个长条形，长大约5.4厘米，宽大约2厘米，上部狭窄，好像什么东西从上往下划下来抠成的洞一样。在背面的穿孔，则要小得多，只有一个很小的洞。

很多因素能给化石造成穿孔——从它还是骨头那一刻起，自然就已经开始发挥作用了，经过将近2亿年，任何物理因素和化学因素都有可能造成穿孔。但是，从孔的边缘来看，非常圆滑，不像是后来遭到破坏形成的，而且骨骼变形也非常轻微，更像是生前的骨骼畸变。所以，我们推测这应该是一种骨病。

为此，我们展开了讨论，再次邀请了罗斯柴尔德教授参与了进来。我们根据穿孔处一些地方骨骼变薄的情况，一致认为是恐龙在生前受到了细菌等微生物感染造成的。细菌感染造成骨骼畸形的案例并不鲜见。这一感染会造成骨密度减低，并逐渐发展为骨质破坏区。

至于造成这种感染的原因，十有八九是受了外伤。罗斯柴尔德教授认为，这很可能是一次攻击事件造成的。我们觉得这个推论是靠谱的。我们可以假设微生物是匀速侵蚀骨骼造成穿孔的，如果是这样，穿孔的形状正好应该对应当时受伤的形状——就像是用爪子抓或者牙齿咬了一下造成了在骨骼上的划痕。然后，随着微生物的感染，这个划伤被侵蚀放大，最终形成了这个样子。

后来，我们又借助一家医院的 CT 设备，对肋骨进行了扫描。从扫描的纵剖面上，我们可以看到这根肋骨内部已经出现了空腔，而扫描正常的禄丰龙肋骨，里面应该是实心的。而且，在穿孔处，这种空腔范围最大，这意味着微生物从伤处进入，然后向内扩散了，并且已经深达骨髓。这是骨髓炎的特征。可以想象，这条恐龙当时是如何痛苦地度过余生的，真的是所谓的痛彻骨髓。

至于是谁给它造成了如此伤害？应该是一种体型巨大，足以对禄丰龙造成威胁，并且生活在同一时代的食肉恐龙了。接下来的事情，就是一边查资料，一边写论文，然后锁定凶手了。

一颗“牙齿”

但是，我之后的日子是有点忙碌了，差不多是事情赶着人走，要想拿出几天来集中做一点事情，太难了。所以，整个论文拖拖拉拉，写写停停，眨眼之间，一年过去了，第一稿都没有写好。

中间立达催了几次，但是，还是没有达到可以投稿的地步，而且，催着催着，我也就习惯了。

就这样，时间到了2016年尾。

这天，我去了趟北京自然博物馆。这是个不错的博物馆，头天电话预约一下，第二天过去就好，不需要花钱买门票。这里有些地方虽然略显陈旧，但是很多藏品还是相当值得一看的。我泡了小半天，下午，从展厅出来，准备坐高铁回家。我还没有出博物馆的大门，邢立达打来了电话："玉溪那边觉得我们做太久了，再这样，以后就不好合作了。"

"哦……"

诡异的沉默……

我猜，立达快要掀桌子了。

我当时确实感觉有点遗憾。但是我又能说什么呢？错在自己，而且这种事说几句道歉的话也没什么意思。拖延症害人啊。不过，我就知道，立达终究还是靠谱的，果然成功地平息了博物馆那边的不满。真该赞美他一下。

但是，后来他说："如果这个研究搞不出来，以后就没脸再去人家那里了。"嗯……在这里，我是不是该偷偷帮他加上一句"嘤嘤嘤"？这个家伙在网上卖得一手好萌，微博圈粉无数，不时地"嘤嘤嘤"一下，是他的招牌套路。当然，我也该为自己的拖拉道歉。

不过之后，我们的进展就加快了很多。

我把CT照片发给了罗斯柴尔德教授，老教授认真查看了照片，然后提出了一个疑问——这个肋骨腔里是不是有个牙齿？

啥？

骨头里卡个牙齿？

这个套路很吸引人啊。我得找找。

CT扫描确实是个好东西。它能够让我们在不破坏化石的前提下，看到里面的结构。在上一节里，已经提到，我们通过这个手段发现了穿孔处在肋骨内造成了空腔，感染范围达到了骨髓。现在，我需要再细致地看看这个空腔，里面是不是有东西。

我们的CT扫描是两组图像，一组是沿着样本纵轴扫描出的横截面，一组是沿着横轴扫描出的纵切面。我一张图一张图地查看。

这些CT图片中，越白亮的地方，致密度越高。而我真的在横截面图像上看到了一个明亮的、圆圆的东西卡在了肋骨腔里！我继续查看下一张邻近的横截面图像，这个圆圆的东西缩小了一点。下一张，更小了。如果把一系列逐渐缩小的圆形摞到一起，你可以猜到，那会是一个锥形结构。真的是牙齿吗？

说实话，我有点激动了。

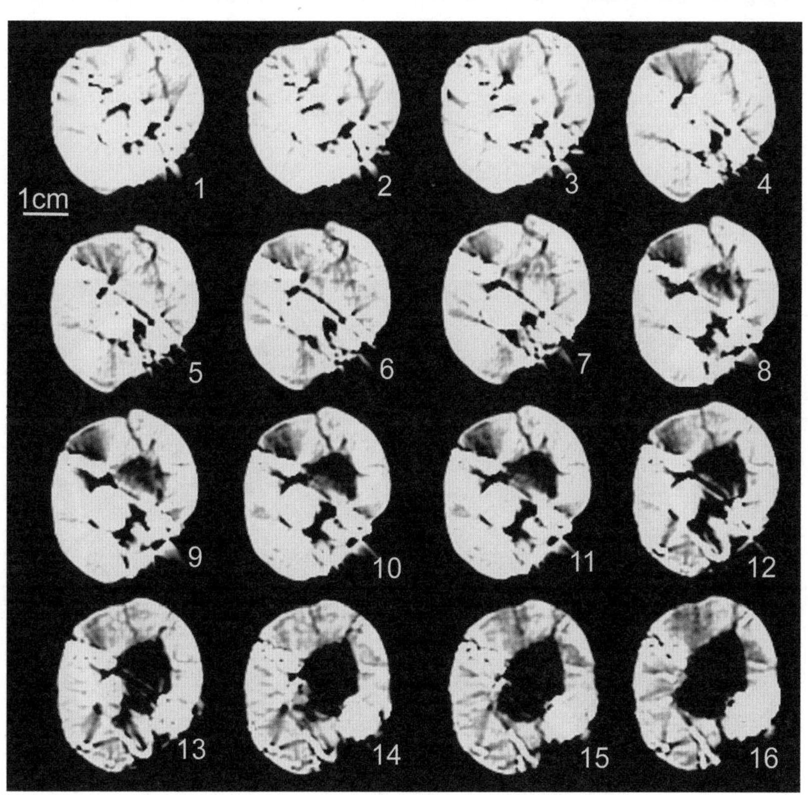

CT 扫描的横截面，你可以看到肋骨腔中有一个圆形的截面

这是一个科学粉在有新发现的时候，本能的兴奋。

接下来，我开始找纵切面的图片。在横截面发现圆形截面的位置，我真的找到了一个三角形的影像，也就是锥形结构的侧面。真的是牙齿？难道这条禄丰龙被食肉恐龙攻击，成功逃脱后，虽然也受了伤，但是也获得了“战利品”—— 它把食肉恐龙的一颗牙齿折断了，嵌在了肋骨里。然后，这颗牙齿最终又落入了肋骨腔里？曾经还有这么戏剧性的故事吗？

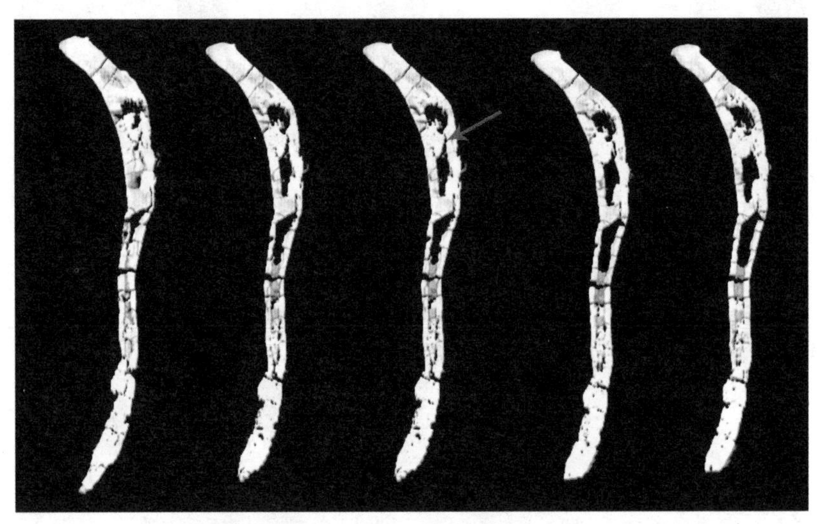

CT 扫描的纵切面，箭头所指的位置似乎有一个锥形的物体

不过这里还有一个疑点。就是“牙齿”发现的位置不在穿孔下方的肋骨腔里，而是在穿孔上方的肋骨腔里。如果真是往肋骨腔里掉，不能逆着重力往上掉吧？莫非是后来恐龙死后，形成化石的时候，牙齿又因为某些原因发生了位移？

透视利器

这时候，我们有点举棋不定了。牙齿的故事听起来很令人激动，但感觉太过巧合，而且，如果里面不是牙齿，而是普通的矿物质结晶呢？要知道，在形成化石的过程中，经常会有矿物质渗进来形成结晶。

当研究到达这个阶段的时候，研究团队的成员已经再次扩充了，我们拉来了老朋友，南非的亚历山大 · 帕金森博士，他曾经参与了我们一些古遗迹学的研究，英语挺好，也是个热心的家伙。帕金森博士又拉来了英国的伦道夫 - 奎尼（Patvick S. Randolph-Quinney）博士，又是一位热心的伙计。

为了看清楚肋骨腔中的东西，奎尼博士试图利用这些 CT 图片对肋骨进行三维重建。但是，由于普通 CT 的成像质量不高，最终获得的三维模型质量很差，不能确认里面到底是什么。

我们意识到，普通的 CT 数据并不能满足我们需要的成像分辨率。这时候，我们得换个手段了。

如果说医院里使用的是临床 CT 机的话，我们还有一种实验室可以用的CT设备——显微CT（micro CT）。它和一些临床CT机一样，也是使用X射线进行照射，但是，它的分辨率更高，可以达到微米级。足以让我们看清楚小样品的细致结构。当然，这样一台设备价值不菲，租借也很花钱，开机后按小时计费，机时费很高。但好处也是显而易见的，我们可以在不对样本结构造成任何破坏的情况下看到里面的结构。在后面有关琥珀的章节里，我经常会提到这种技术，它给我们研究琥珀带来了极大的方便。毕竟，敲开琥珀，取出内含物，是一个风险极大的事情。虽然有论

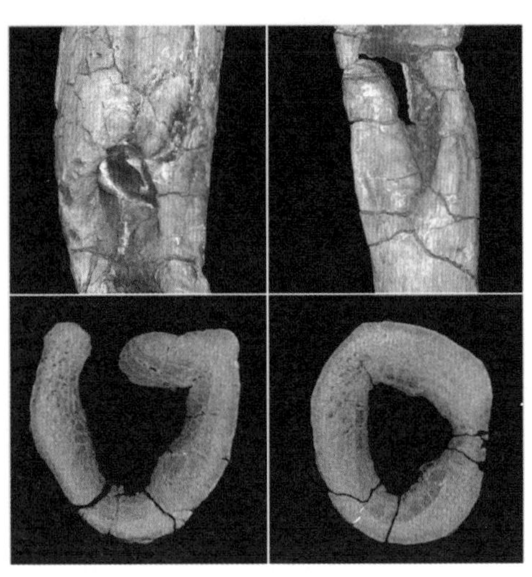

肋骨病灶的三维建模（上）和对应的显微CT截面图像（下）

文提到过一些方法，但我们从未敢尝试过。除此以外，还有一种被称为同步辐射的技术，具有更好的成像效果和更高的分辨率，但是需要向国家申请机时，获批以后才能使用。我们在后面的恐龙琥

珀研究中使用了这一技术。

最终，这根肋骨又从云南被借到北京，送上了显微CT的样品台。

有了显微CT的数据，这一次，奎尼博士终于成功地为肋骨建立了高分辨率的3D模型。结果，很遗憾。原来的“牙齿”可能是CT图像清晰度不够而产生的误导，那只是一些在化石形成过程中析出的矿物质结晶而已。

是不是有点小失望？嘿嘿，虽然含有一颗牙齿的肋骨听起来很传奇，但那不是科学。我们甚至决定在论文中完全隐去这个有趣的小细节，尽管它听起来很美妙。

现在，我们必须把思路向回倒一点。那就是，给禄丰龙造成伤害的，不一定是咬伤，也可能是抓伤。毕竟食肉动物的爪子和牙齿都够锋利。但具体是哪种情况？抱歉，没有更多信息，不知道。我们只能从穿孔的形态来推断，捕食者的爪子或牙齿造成了深可及骨的伤害，并且划伤的方向相对禄丰龙的身体是自上而下的。

那是谁攻击了禄丰龙呢？也无法确定。

不过，这不妨碍我们来推断一下，看看谁最有可能。

在禄丰龙生活的环境里，很可能有另一种著名的恐龙——三叠中国龙，我们在开篇已经接触到了它。它的体型非常适合捕食禄丰龙和云南龙这样的大型猎物。至少，我们目前还没有找到更好的替代者。之前，我曾经在前文提到了一个三叠中国龙脱齿的案例，从那个案例我们也可以感觉到这种恐龙的咬合力很大，捕食的时候也很拼，而且，很可能捕食大型猎物。

受伤的禄丰龙复原图（张宗达 绘）

也许禄丰龙正是受到了三叠中国龙的攻击，但它成功摆脱了追杀，并幸存了下来。然而创伤却给禄丰龙带来了长时间的痛苦，让它在去世之前变得虚弱，它可能会生病，如果它是温血动物的话，它也许会发烧。甚至，有很大的可能，它因此而丧命。

今天，时光已经过去了将近两亿年，它成了珍贵的标本，通过一个小小的创孔诉说着当年的故事。它的发现填补了我国在蜥脚类恐龙古病理学上的空白，丰富了恐龙病理学知识，也加深了我们对侏罗纪早期各种恐龙之间相互关系的理解。

最后，我们完成了这次研究，并将它发表在了英国自然（*Nature*）出版集团旗下的开放获取学术期刊《科学报告》（*Scientific Reports*）中。团队所有成员共同署名，立达作为第一作者，我和奎尼博士作为共同通信作者。然后，团队就地解散，等待下一个不错的故事时，再聚首。

第四章·琥珀篇：这里有个白垩纪

琥珀中的“虫草”

炎热的正午，骄阳如火。在阳光的烤炙下，南洋杉的树干裂开的地方上渗出了一滴滴的树脂，它们一点点积累，终于，在重力的作用下，落向了地面。

啪嗒。

落地的树脂发出了轻轻的响声，连带着地上的落叶也轻轻颤动。这惊起了一旁的小虫，它们快速地跑开。一只看起来和现代蚂蚁不太一样的小蚂蚁路过这里，它挥舞着触角，似乎想探查一下刚刚落下来的这个东西。

啪嗒。

又一滴树脂落了下来，正好裹住了那只蚂蚁。蚂蚁试图挣扎，但是，树脂太黏稠了。它很快耗尽了力气，一动不动了……

古老的蚂蚁

我把玩着手里的琥珀，这是一块晶莹剔透的金珀，因为颜色金黄剔透而得名。里面有一只小小的蜂蚁。我已经在解剖镜下认真观察过了，它确实不同于今天的蚂蚁。虽然它乍看有点像今天蚁科蚁亚科里的悍蚁，但是，它的每个上颚尖端具有三个牙齿，触角的柄节很短，最关键的是，它的尾部还有一根螯针——这与蚁亚科的蚂蚁显著不同。我不懂琥珀，但是作为另一只脚踩进蚂蚁圈子的资深爱好者，只要看看这只蚂蚁，我就知道，我手里这个，是个真东西。

我入手的第一块琥珀。这块琥珀里有一只蜂蚁。左边有一个孔，那是珠宝商打的，可以让它变成一个吊坠

关于蜂蚁，我已听过太多故事，其中，最著名的莫过于美国著名生物学家 E. O. 威尔逊（E. O. Wilson）的故事了。我在我的第一本原创书《蚂蚁之美》中，也讲述过这个故事。

1966年，在美国新泽西的克利福屋（Cliffwood）海滩，弗瑞（Edmund Frey）和妻子正在海边散步，他们看到沙滩上有一块透明的石头，便弯腰捡了起来。他们发现里面居然有两只蚂蚁一样的昆虫，原来，这是一块琥珀化石。他们决定将化石交给昆虫学家研究，于是，这块化石先被交给了普林斯顿大学的唐纳德·贝尔德（Donald Baird），贝尔德敏锐地发现了化石的价值，然后将其转寄给了哈佛大学的古昆虫学家弗兰克·M· 卡彭特（Frank M. Carpenter），也就是威尔逊的老师。卡彭特则通知同一栋楼上的威尔逊来查看标本。之后，这个经过长途辗转的珍贵标本，终于在威尔逊激动的目光中，从他兴奋得哆哆嗦嗦的手上滑落，掉在了地上，摔成了两半……

幸运的是，里面的两只蚂蚁被完整地分别保存在了两个半块琥珀中，而且威尔逊也没有再犯错误。经过抛光，琥珀中的蚂蚁被完整地展现了出来，它们距今已有9000万年，有着介于现代蚂蚁和蜂类之间的特征。它们的上颚仅有2颗牙齿，与蜂类类似，触角的末端长而灵活，也是蜂类的特点，再加上胸部具有独特的甲状软骨和小盾片，这些都是蜂类的特征。但是，它们又具有了蚂蚁独有的腺体特征，加上长长的触角第一节，还有刚刚进化出的结节，这些都说明，它们已经确确实实是蚂蚁了。弗瑞夫妇很慷慨地将珍贵的琥珀捐献给了科学事业。为表彰琥珀发现人弗瑞夫妇的功劳，这种蚂蚁被命名为弗瑞蜂蚁（*Sphecomyrma freyi*）。

在写作《蚂蚁之美》的时候，我还对琥珀非常不了解，立达也没有入局到琥珀圈中。用琥珀来研究古生物的路子，是我俩在古遗迹学、恐龙足迹学和古病理学之后新开辟出来的。事实上，在我第一次接触缅甸琥珀中的蚂蚁的时候，就像一些刚刚接触琥珀的分类学家一样，我还曾质疑过一块标本是否真实。

就像立达当时和我说的那样，“对于这批缅甸琥珀，学界还没有提起足够的重视”。这话真是被他说中了。

现在，我手中这块蚂蚁琥珀，虽然同样来自白垩纪，但在年代上比让威尔逊激动万分的蜂蚁还要古老。它来自9900万年前，白垩纪时代缅甸潮湿的森林。

让我们先来说说琥珀本身，还有一些与产地有关的事情。首先，虽然琥珀看起来晶莹剔透，也被视为珠宝，但实质上是生物化石。它们是远古树木上滴落的树脂，经过了漫长的地质历史以后形成的。比如缅甸琥珀极可能是由南洋杉中的贝壳杉（*Agathis*）的树脂形成的。虽然在化学成分上有了诸多变化，但与其他化石内的成分几乎完全被替换成石质不同，琥珀的主要成分仍然是有机质。因此，琥珀仍像松香一样，是可以被点燃的，同样，也可以被高温熔化。

而在琥珀中，时常会包含着一些东西，最常见的就是小昆虫，它们是在植物滴落树脂的时候被粘住，然后包裹进去的。有些琥珀中还能够看到小虫挣扎的痕迹，甚至连它们当时生活环境中的一些碎屑、小叶片也一同包裹，生动地反映了它们当时的生活场景。这些琥珀就像时间胶囊一样，封印了远古的故事，让我们能够通过它们一窥过去。

世界上很多地方都有琥珀埋藏，但多数琥珀的埋藏规模都很小，其中欧洲的波罗的海沿岸、美洲的多米尼加等地的琥珀埋藏量较大，也比较著名。至于威尔逊找到蜂蚁的美国新泽西州，同样也是一个知名的琥珀产地，事实上，从这里向北，包括美国阿拉斯加的库克河、加拿大曼尼托巴省的雪松湖和阿尔伯塔省的梅迪辛哈特等地，都出产白垩纪琥珀。

在我国，辽宁省抚顺地区也有不少琥珀出产，那里的琥珀是距今大约5000万年前，由柏类植物的树脂形成的，目前已经在里面发现了一百多种小虫。此外，最近在我国西藏自治区的伦坡拉盆地，也发现了一个含琥珀的地层。关于它的断代，还是个挺有趣的事情。

我们知道，青藏高原海拔很高，是世界屋脊。但过去的时候可不是那样的。大概在5000万年前，印度次大陆北上撞击了欧亚大陆板块。结果，欧亚大陆慢慢翘了边、起了褶，于是，有了喜马拉雅山系，有了青藏高原……这些琥珀就是在这个过程中形成的。化石点所在的伦坡拉盆地位于青藏高原中部，是一块狭长地域。在盆地的中东部有发育得比较好的沉积岩层，大概有三五千米厚。

这些沉积岩由上层的“丁青组”和下层的“牛堡组”构成，前者距今大概两三千万年，后者则大约四五千万年。埋藏琥珀的地层就在“丁青组”的下层，靠近“牛堡组”的位置。这些琥珀通常小于1厘米，嵌入在灰色的泥岩中。这也是西藏地区首次发现琥珀的记录。但介于两个地层之间的位置，给这批琥珀的断代带来了困难。这些琥珀到底应该属于晚一些的“丁青组”还是更早的“牛堡组”呢？

我们先来看看地层里埋藏的花粉化石。古生物学家非常善于用花粉化石进行断代和分析。经过检视，这些花粉大多数属于松类等裸子植物，然后是被子植物，比如栎类，而蕨类植物的孢子则很少见。按照这个物种组成来推断的话，当时应该是个温度不太高、降雨不太多的自然环境。这说明此时已经有了隆起的高原，气候已经开始变冷、变干。大概是晚一些的“丁青组”吧？

再来分析一下琥珀。对它的成分进行了很复杂的分析之后，并与已知的植物类群进行比对，可以确定琥珀来自一类属于龙脑香科的植物。幸运的是，这个类群的植物今天还健在，并且依然生活在欧亚大陆，如我们所熟知的青梅、望天树、龙脑香等。它们的茎干高大，有很多物种都能产生黏稠的树脂，并且气味芳香。大名鼎鼎的天然冰片，正是从龙脑香的树脂中纯化提取出来的。这是一个适应热带气候类型的植物类群。而一个埋藏着这种琥珀的地层，则意味着，这里，曾经有过大片的含有龙脑香科植物的森林。它们曾在这里形成了高大的乔木，遮天蔽日。按照琥珀成分推断，这里，曾经是热带雨林。

然而，这就尴尬了。一边是埋藏这些琥珀的环境里充满了凉爽、干燥气候下的植物花粉，另一边是琥珀本身来自热带雨林的化学成分证据。

倘若是你，你要如何得出结论？

这种情况，得用二次埋藏来解释。也就是，原本埋藏树脂的那些沉积物是来自雨林的，但是经过了若干万年的地质变化，那些原本的沉积物因为某些原因被破坏掉了，遗失了。里面嵌入的琥珀暴露了出来。然后，这些琥珀又被后来的泥沙重新掩埋了。或者说，也许在几千万年前，曾经有那么一段时间，地上到处都是暴露的琥珀？这听起来真是个美好的时代。

如果这样想来的话，琥珀的年代应该更接近早期的“牛堡组”，而在那个地层也确实有热带生物群的化石出土。时间上可能大约是4000万年前。那时，印度次大陆已经撞上来了。

我们也可以借此大致推断出当时青藏地区的变化：大约5000万年前或者稍微早一点，印度次大陆一头撞上了我们的大陆。然后，地面开始逐渐隆起，在最初的一两千万年内，气候依然温暖湿润，能够让热带雨林的植物继续存活，并且留下了一批琥珀。但是，随着地面不断隆起，海拔持续升高，气候开始变得凉爽、干燥，森林生态系统开始挣扎，雨林逐渐变成了阔叶林、松林，最后，森林终于撑不住、活不下去了，变成了草原，青藏高原也慢慢形成了今天的状态。

另一个曾经也被视为中国琥珀的例子，就是今天的缅甸琥珀。它们的具体产地是距离我们较近的缅甸北部克钦地区的胡康河谷，埋藏规模很大。

在古代，缅北地区受中国控制，其贸易的历史，可能不晚于公元一世纪，直到1885年，才由英国控制了交易。1947年缅甸独立以后，琥珀出口基本中断，直到近年才开始出口琥珀。尽管缅甸琥珀经常会有开裂，但有不少大琥珀，里面能包裹住一些很让人意外的东西。而且，从目前的情况来看，缅甸琥珀是世界上内含物最丰富的。由于这些琥珀来自9900万年前的白垩纪早期，那正是恐龙兴盛的时代，透过它们，我们得以一窥恐龙时代地质环境的奥秘。我们当前主要关注的，就是缅甸琥珀。

对于我而言，我关注更多的是蚂蚁，而蚂蚁是缅甸琥珀中最常见的包埋动物类群之一，已经出土了不少。我手里有少量，但是很不多，毕竟中学老师收入不多，还得养家糊口，而且房价还这么贵…… 我想，将来经济允许了，可以收集更多一点，找合适的机会，把缅甸琥珀中的蚂蚁系统地整理一下。

打眼和交学费

琥珀，除了化石这层身份以外，同时也是一种珠宝，它们首先流入的不是科研机构，而是珠宝圈和收藏圈。这就意味着，我们得和商家、收藏家打交道，必要的时候，得花钱购买。玩珠宝，玩收藏，不打几次眼，交一些学费，大概是不能入门的。至于捡漏的心态？这不是玩收藏的人应该有的心态，卖家都很精明，不要有侥幸心理。我也打过眼，立达也打过，不过我没什么钱，小打小闹，打的自然是小眼，至于立达，打过的眼，比我大。这家伙手里比我有钱，也更有魄力，毕竟，他为了搞研究，把房卖了……

至于卖房这事，立达不会自己主动说，只有由我从自己所知道的层面来说说了。立达的房子是在加拿大读书的时候，由他的父母为以后一家子都在广州生活而买的。但是，自打进入琥珀领域以后，立达钱不够花的感觉是越来越强了。每一个琥珀商家和藏家都会认真检视自己的琥珀，对它有一个大概的估价。但凡好一些的，比较有科学价值的琥珀，价钱也一定会很好。立达一个正在读博士的学生，哪有多少钱去获取这些样本？用导师的科研经费去买珠宝？还是清醒一下吧。这钱得自己掏腰包。哪怕他那时已经是比较知名的科学作家，可以写点科学传播类的文字，然而，稿费相当微薄。我可以毫不客气地说，多数进行科普和科学传播的作者都是兼职的，因为专职写这个，除了少数站在金字塔尖的那撮人，其他的，真的有可能饿死…… 即使后来立达入职了大学，成了有为的青年教师，有了少量科研经费，但这可容易被人责难："国家的经费是让你做研究的，不是让你买珠宝（琥珀）的！"对吧？

所以，最后，他还是把主意打到了自己的房子上面。我不知道他最后是如何说服自己的爸妈和媳妇的。反正，广州的房子卖了，他的爸妈找了一个小得多的公寓住着。他拿到了研究琥珀的经费。

然后，立达在北京租房，房租很高，生活压力也是很大的，这几年他建树较多，压力可能稍稍缓解了。我自问是个相当喜爱科学的票友，但是，我还没有这种为科学献身的魄力，而且，我家的房也没广州的房那么值钱。所以，在本章节后面提到的，他的那些成就，背后是有很大代价的。

现在，让我们回过头来说说打眼这个事情。几乎所有的人都知道，收藏行里是比较混乱的，假货很多，琥珀也不例外。特别是那些刚入行或者准备入行的人，俗称"萌新"，很容易被人当做"凯子"，买到假东西。

我曾经收到藏友发来的一个人造琥珀的视频。在视频里，一块

“琥珀”的中央有只虫，在琥珀里均匀地分散着圆圆的气泡。如果你接触琥珀多了，会发现这是“一眼假”的东西，即行家扫一眼就知道是假的，但是还有人卖，而且还有人买。

比较低级的造假材料有玻璃、酚醛树脂、赛璐珞、酪蛋白和现代塑料凳，还有一些人会把柯巴脂当做琥珀来出售。另一些比较强大的作假则会在真琥珀上做文章，比如把真琥珀融化，然后再重新铸成型，在这个过程中添加一些包埋物，或者添加一些颜料，从而卖出更高的价格。老实说，最后这种手段弄出来的琥珀，我功力不够，分辨不出来。目前，我只敢少量入手一些蚂蚁琥珀。我对现代蚂蚁足够熟悉，也了解古蚂蚁的特征，在这方面，一个算是入门了的蚁学家应该不太容易被打眼。

但是，学费还是要交的，特别是当你有了一种执念，跳出自己的专业知识范围的时候。

我的一个执念，来自蚁虫草。

蚁虫草是一些神奇的真菌。你可能对冬虫夏草更熟悉一些，甚至尝过这种昂贵的东西，据说，大补。在某种程度上，它们算是同类东西。不过，蚁虫草的故事更加精彩。这得从线虫草说起，它们是一类专门感染昆虫的真菌，1931年，佩奇（T. Petch）首先专门为它们划出了这个分类阶元——线虫草属（*Ophiocordyceps*）。2007年，科学家又为它们组建了线虫草科（Ophiocordycipitaceae），囊括了若干亲缘关系较近的属。按照最新的分类系统，真菌界子囊菌门核菌纲肉座菌目的麦角菌科、线虫草科和虫草科的所有成员都是虫草菌。

在我国非常著名的冬虫夏草，学名为“中国线虫草”（*Ophiocordyceps sinensis*），它起初并未被归类在线虫草属中，但2007年的DNA分析显示，它应该属于线虫草。这种线虫草感染钩蝠蛾（*Thitarodes*）的幼虫，并且在幼虫进入土壤越冬的时候逐渐杀死并占据幼虫的身体，当天气转暖时，真菌发育出子实体，破土而出，形成所谓的“草”。所谓的冬虫夏草也因此而得名。

在线虫草中，有一些物种会感染蚂蚁，被通俗地称为蚁线虫草（*myrmecophilous Ophiocordyceps*）。我们大约已经知道了几十种线虫草专门感染蚂蚁，但自然界中可能至少还有600种类似的线虫草等待发现。其中，已知有26种线虫草能够制造“僵尸蚂蚁”。

被感染的蚂蚁，在真菌发育到一定程度以后，会出现行为上的改变。以列罗氏弓背蚁线虫草（*Ophiocordyceps camponoti-lenoardi*）感染列罗氏弓背蚁（*Camponotus leonardi*）为例，线虫草的学名清晰地显示了其宿主对应性，目前还没有发现这种线虫草会感染其他种类的弓背蚁。这一纪录来自泰国的雨林。

列罗氏弓背蚁是一种习惯在树冠层活动的蚂蚁，它们很少来到地面，一旦在地上活动则有明确的蚁路，很少离开蚁路太远活动。但是，被感染后的蚂蚁则不同，它们单独行动，孤苦伶仃。这时蚂蚁的头部已经充满了真菌的细胞，但是这些细胞却不会完全摧毁蚂蚁的脑组织或者肌肉组织，从而让蚂蚁还“活着”，但它们早已如行尸走肉，是一个“活僵尸”了，完全失去了往日的行为和风格。

它们活动的时间出现了变化，它们从不在清晨和傍晚出来活动，变得偏爱中午的时光。在临死前，这些蚂蚁会在不同植物的叶子上来回游荡，不过似乎并不太选择植物的种类，这些都是正常蚂蚁所没有的。而且在巡游的过程中，蚂蚁会不时痛苦地抽搐，从植物上掉落下来，这可能是真菌刺激神经的结果。接下来，它们会咬住叶子，一般是咬住主叶脉或次级叶脉，一旦咬住就不会分离，除非受到大雨等因素的影响。

大约在7天之后，长出子实体，子实体在高处释放出孢子，随风散去，再去感染其他的蚂蚁，击败蚂蚁的免疫系统，控制它的大脑，然后周而复始。这是多么有趣的事情（不过对于蚂蚁来说就很残忍了）！

被感染后，咬在植物叶子上死去的双齿多刺蚁（*Polyrhachis dives*）

而据估计，这种寄生现象可能已经有1亿年的历史了。这个时间正好印证在缅甸琥珀里，而那里又正好是湿润的雨林，与蚁虫草发生的环境吻合。这时，我已经对缅甸琥珀有点了解，我就在想，我有没有可能在琥珀中也找到个蚁虫草来证明这些推测啊？

我瞄到了一块蚂蚁琥珀。这时候我还没有认识巴西的朋友约翰·阿劳霍（João Araújo）博士，他是真正的蚁线虫草专家，曾经发现过很多蚁线虫草新物种。如果当时有他做参谋，后面的事情就应该不会发生了。

当时，在我的眼里，这块琥珀特别的地方在于，在蚂蚁的身体周围有一些白色的不明结构。这些结构从蚂蚁身上出来，看起来像是一个小蘑菇?

头顶有个白色小“蘑菇”的蚂蚁琥珀

是真菌吗？

我挺兴奋。

难道是蚁虫草的早期形态吗？

卖家的开价有点小贵。要三千块。老实说，这在琥珀珠宝里不算高价。但是，放到蚂蚁琥珀里，价格还是不便宜的，卖家说它是什么怪蚁，是比较特别的标本。不过，这不重要。我势在必得，眼睛里盯的是那个“小蘑菇”，而不是蚂蚁。甚至我还在和卖家讨论这块琥珀的时候自作聪明地转移商家有可能落在“小蘑菇”上的注意力…… 卖家以为用蚂蚁套住了我，而实际上，我是被自己忽悠了，还以为捡了漏。这是多么可笑的一件事情！赌徒心态大概就是这样的。

最后，是拉锯式的砍价，直到两千五，成交。我和一个朋友一起把它买了下来。

当标本寄到我手里，我放到解剖镜下看时，心里就有点嘀咕了。这个感觉，有点怪。似乎和我所知的蚁线虫草不太一样。

最后，我决定拿给立达看看。我和朋友约了立达。

那是一个晚上，在北京的一家星巴克店里，我们见面了。

立达把玩着琥珀。我大概感到了他心里升起的某种鄙视。

他说:“真菌如果保存在琥珀里,差不多一亿年,怎么也得碳化一点、干瘪一点吧?你看你这个,像新鲜长出来的小蘑菇一样。怎么可能?”

原来,这个东西,叫尸液,是动物死后渗出来的汁水,在很多琥珀中都有。只不过,在这块琥珀中恰好形成了这样的形状罢了。

于是,这事就此作罢。

2018年,在一位编辑好友的策划下,我和阿劳霍博士在《中国国家地理》杂志合作发表了一篇关于蚁虫草的长文。他是蚁虫草方面的专家,发现了很多蚁虫草新种。有了这个大参谋,我就能更好地筛选蚁虫草的琥珀了。

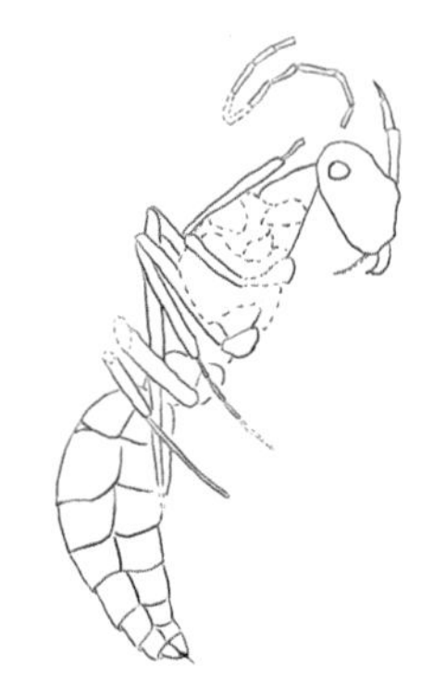

残存的触角部分使它看起来像头顶生了一个特别的角

这时候,恰好我收到了四五块疑似虫草的琥珀,都来自琥珀收藏家,大家也都很有信心。立达、约翰、我还有之前那位陪我打眼买“小蘑菇蚂蚁琥珀”的朋友一起分析了这些琥珀,很遗憾,它们都不是。

其中，有两块像极了蚁虫草。但遗憾的是，都是杂质恰好出现在了蚂蚁的头顶。而如果是蚁虫草的话，更可能是从关节等薄弱部位长出来的，主要是从头后的颈部长出来。

另一块倒是很像是从颈部长出来的，结果，更可能是一截昆虫触角。

还有一块像是蚂蚁头上长了角，结果只是一截断掉的蚂蚁触角的残存。

最后一块，不是蚁虫草，是别的昆虫的。那也是一块杂质。

这五块标本，涉及四位藏家。

显然，淘到特殊的琥珀，可没那么容易。

现在，这事只能暂时搁置一下。如果哪天我找到了，或者我知道有人找到了，我在以后再写书的时候，或者这本书修订的时候，我会补充出来。

琥珀中的鸟与龙

窸窸窣窣……有东西正穿行在蕨类丛中，头顶的阳光穿过林间的缝隙，投射过来。哦！是一只小小的恐龙！它大概不到20厘米长，浑身长满了羽毛，轻巧灵活。它几乎完全隐没在了植物丛中，当然，这也隔绝了它自己的视线。它似乎发现了有趣的东西，好像是一只小虫。它调整角度，准备一口吞了那美味的虫子……突然，一张大嘴巴咬了下来！刚刚还准备做猎手的小恐龙转眼之间变成了别人的猎物。它奋力挣扎着……可是，没有用。那张大嘴巴将它囫囵吞下，只有一小截尾巴残存了下来，落在了地上。

没过多久，蚂蚁发现了这截尾巴。这是多么丰盛的大餐啊！它们探察着这条尾巴。突然，"啪嗒"，一滴树脂从天而降，粘住了蚂蚁，也裹住了这截尾巴的一部分……

从翅膀开始

如果我们接下来继续讲琥珀里面的小虫、蜘蛛，那差不多就要进入琥珀研究的主流领域了，这本书就有了跑题的风险。然而，在众多的琥珀中，立达的主要关注点在脊椎动物，比如说青蛙、鸟、蛇或者恐龙……这个画风，有点像在郭德纲老师和于谦老师合说的相声里，于谦老师玩蜜蜡玩琥珀，琥珀里有长颈鹿、自行车……

但是，立达收集到的琥珀里，真有脊椎动物。最开始的时候，是鸟。从某种意义上讲，它们

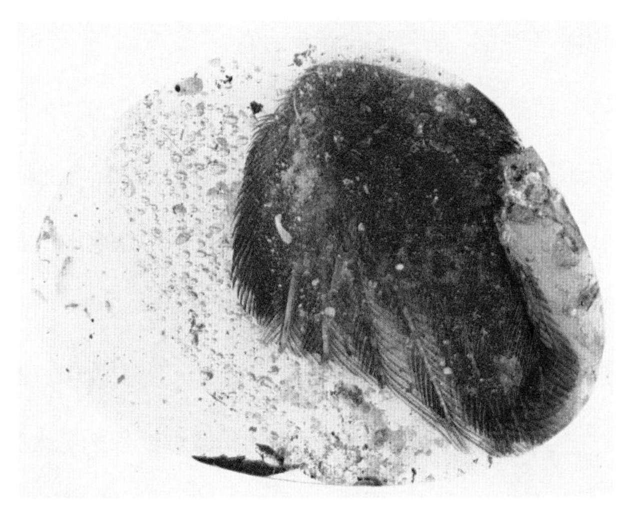

天使之翼标本

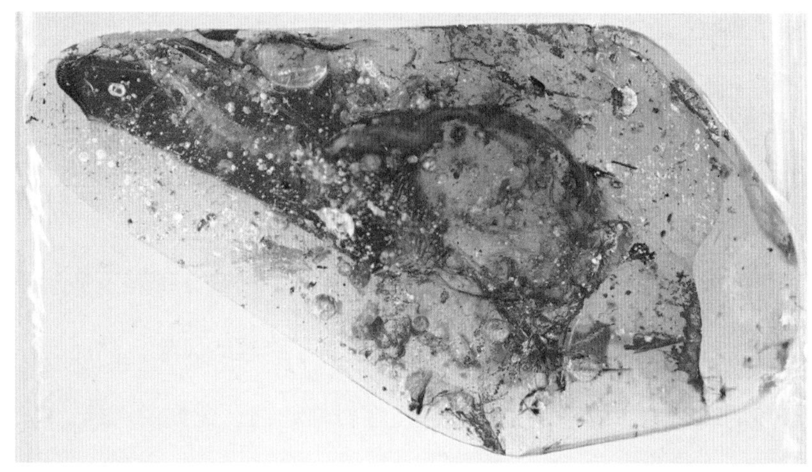

罗斯标本

也算是恐龙，是会飞的恐龙后裔。

首批标本包括两只翅膀，分别被命名为“天使之翼”和“罗斯标本”。其中，“罗斯”的英文是“Rose”，“rose”有玫瑰的意思，我很想把它译为“玫瑰之翼”，可立达说命名的时候是为了向《老友记》里一位叫罗斯的男性古生物学家角色致敬，所以我只好掐灭了这个自以为浪漫的念头…… 但是，天使和玫瑰真的很配呀。

当然，你不能以为这两个翅膀像鸡翅那么肥大美味，它们是很微型的。太大了琥珀可包不住——一个展开后长18毫米，另一个只有12毫米，换句话说，这两只翅膀的主人大概也就只有蜂鸟般大小。

两只翅膀的细节保存得非常完好，由于两只翅膀外观相似、大小相近，两块琥珀的埋藏年代和位置也相同，研究人员认为它们很可能属于同一种古鸟。

尽管两只翅膀乍看都接近黑色，但在各种光照条件下进行的宏观和微观观察之后，科学家发现天使之翼标本是以黑色为主的胡桃棕色，而罗斯标本的大部分区域则呈现出更深的棕黑色。

接下来就是用显微 CT 技术对标本进行扫描，关于这种非破坏性的 CT 技术，在前面的章节中已经做过介绍，它可以用来扫描样本的细节，包括化石在内，并且得到标本内部的三维影像。其中，天使之翼标本保存较好，包括了桡尺骨、掌骨、指区，以及多种不同形态的羽毛。

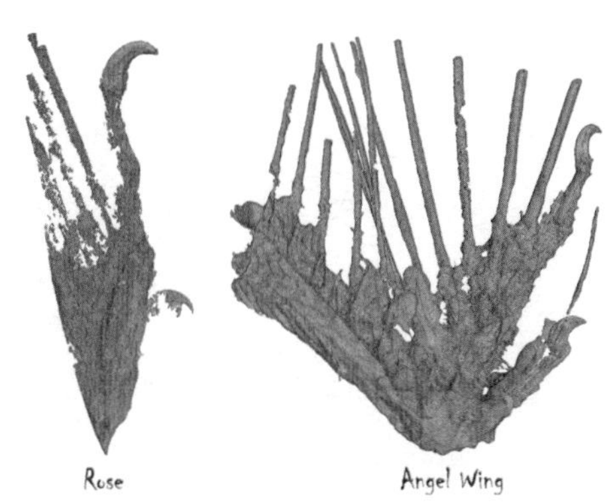

罗斯标本（左）和天使之翼标本（右）的显微 CT 图像

如果细看，我们就会发现，这些翅膀和现代鸟类不同，它们的上面是有爪子的。在天使之翼上一共出现了三根指头，而且指骨的长短也和今天的鸟类不同。再加上一些其他的骨骼特征，研究人员断定这两个翅膀应该属于反鸟。反鸟不仅翅膀上一般有爪子，嘴巴里也有牙齿，肩带骨骼的关节组合也与现生鸟类的正好相反，因此得名。

关于反鸟，化石研究已经带来了不少信息。它们是白垩纪鸟类兴盛的类群，很可能最早获得了飞行能力，并且在现代鸟类（今鸟）之前首先向全球辐射，今天我们在全球各地的白垩纪地层都发现了反鸟的化石。我国发现的华夏鸟、波罗赤鸟、中国鸟、始反鸟、长翼鸟、原羽鸟、长嘴鸟等都属于反鸟。相比今天的鸟类，早期反鸟的骨骼结构不能支持强大的飞行肌附着其上，所以，可能飞行能力不太强，当然，至少比翼龙要好。不过到了白垩纪晚期，这一情况已经大大改观。反鸟的另一个问题就是，它们的体温调节能力可能稍微差一点，也许不是完全恒温的。这带来的一个衍生问题就是，它们也许没办法像今鸟孵蛋那样良好地控制鸟蛋孵化的温度。因此，一旦环境发生剧烈变化，反鸟的生存和繁殖可能就会受到比较大的影响。

最终，这个族群很可能因为要比今鸟差那么一点点，它们没能度过6500万年前的那场大灭绝事件。当这个地质历史上的黑暗岁月过去以后，今鸟和哺乳动物迅速登上新生代的历史舞台，反鸟和非鸟恐龙却湮灭在了地质历史的长河中。

被粘住的小鸟

让我们继续回到“天使之翼”和“罗斯标本”上来。它们的出现确实让人眼前一亮，因为在这两块琥珀之前，我们只能通过化石骨架来了解反鸟。两块琥珀的出现，使我们第一次能够看到带肉的反鸟组织，并且能够观察到它们羽毛的细节，几乎与生前没有太大差异。

与预判的基本一致，通过骨骼发育的比例认定，两只翅膀的主人都还是幼鸟，不过从羽毛的覆盖程度上来看，也许它们已经有了一定的运动或飞行能力 —— 它们是早熟型的鸟类。这种类型的幼鸟具有比较强的活动能力，可以独立觅食，能够减轻亲鸟哺育的压力，是一种生存策略。至于是不是同一种鸟类，只能说，有可能，但是，不确定。

被粘住的反鸟复原图（张宗达 绘）

看到了琥珀，我们必定想要去推测它的成因，还原当年的场景。这就要观察琥珀的细节。

在“天使之翼”标本中，存在着双向的爪痕迹，这也许是挣扎的痕迹。而琥珀中，翅膀周围大量的腐败物和气泡也印证了这一点，这些尸泡说明大部分腐败过程是在无氧环境中发生的，或者说，是在树脂的包裹环境中发生的。这暗示着，在被琥珀包裹之前，翅膀应该是“新鲜”的。这些都直指向一个解释 —— 标本的主人很可能在被树脂部分包裹时还依然活着，或者说，它的翅膀是被树脂粘住了。这只幼鸟也许费了很大力气都没能挣脱，然后随着地质时代的变迁，鸟儿其他的部分都遗失了，只剩下了被琥珀包裹住的翅膀。

比龙标本

比龙标本的翅膀和羽毛

而罗斯样本的情况则不同，它没有这些特征，可能来自一具尸体，并且在被树脂裹住以前就已经完全腐败。在形成琥珀之前，这只鸟可能就已经命丧捕食者之口。掠食者很可能撕下了鸟的翅膀，但是因为某些原因却没有食用这只翅膀。结果，被遗弃的翅膀被滴落的树脂裹住，最终变成了今天的样本。标本周围存在的大量食腐的蝇类也印证了这一猜测，它们可能将腐败的翅膀作为了食物来源，但在树脂滴落的刹那，没有来得及逃脱，也一同被保留在了琥珀中。

从这两块标本开始，立达在鸟类琥珀的路上越走越远。

之后，是一只爪子。非常生动的反鸟的爪子。当然，也是缅甸琥珀。琥珀由腾冲虎魄阁博物馆收藏，这家博物馆为了收藏这块琥珀是花了大价钱的。它的珀体很大，有9厘米长。

但是这个爪子琥珀经过扫描以后，发现了更加让人惊喜的东西：它不只有爪子，还包括了近乎完整的头部、颈椎、翅膀、脚部和尾部，以及大量相关的软组织和皮肤结构。或者说，这块琥珀差不多曾经包住了一整只鸟。

当然，这也是一只幼鸟。基于标本的羽毛和骨骼状态，可以确认这只雏鸟正处在生命最初几周中。它被叫做“比龙”，来自缅甸一种琥珀色小鸟（小云雀）的当地读音。比龙标本保留着迄今最为完整的古鸟幼鸟的羽毛和皮肤，这些细节包括羽序、羽毛的结构和色素特征等。

比龙标本 3D 重建，以及由张宗达绘制的复原图

比龙标本没有明显挣扎的迹象，其整体姿态呈现一种酷似捕猎的姿态，身体扬起，爪子和嘴巴张开，翅膀后掠，非常生动。它的死因确实令人禁不住想，它是不是恰好在捕猎的时候被从天而降的树脂粘住呢？

然后，接下来是“煎饼鸟”。另一块来自缅甸的琥珀。

它保留了部分头骨、脊柱、左前肢、骨盆区域和股骨。有意思的是，由于发掘的疏忽或自然风化，这个标本存在一定程度的剥蚀，使它变得非常薄，所以才被戏称为“煎饼”鸟。其结果是，它虽然损失了部分样本皮肉，却也因此暴露出了身体内多区域的解剖学细节，为研究提供了独特的视角。

目前看来，这是我们在白垩纪琥珀中找到的最完整的鸟遗骸。那这只小鸟又是怎样被埋进琥珀的呢？

让我们再次把目光落在琥珀上。一方面，在这块琥珀中是没有动物挣扎的痕迹的。另一方面，在“煎饼”鸟的腹腔中没有完整清晰的内脏，而是有很多乳白色的遮蔽物，这种东西在圈内被称为“尸液”，是一些渗出物，代表着动物在被琥珀包裹之前就已经死亡，我们之前在蚂蚁琥珀上打眼，就是它的原因。而在琥珀中，还有甲

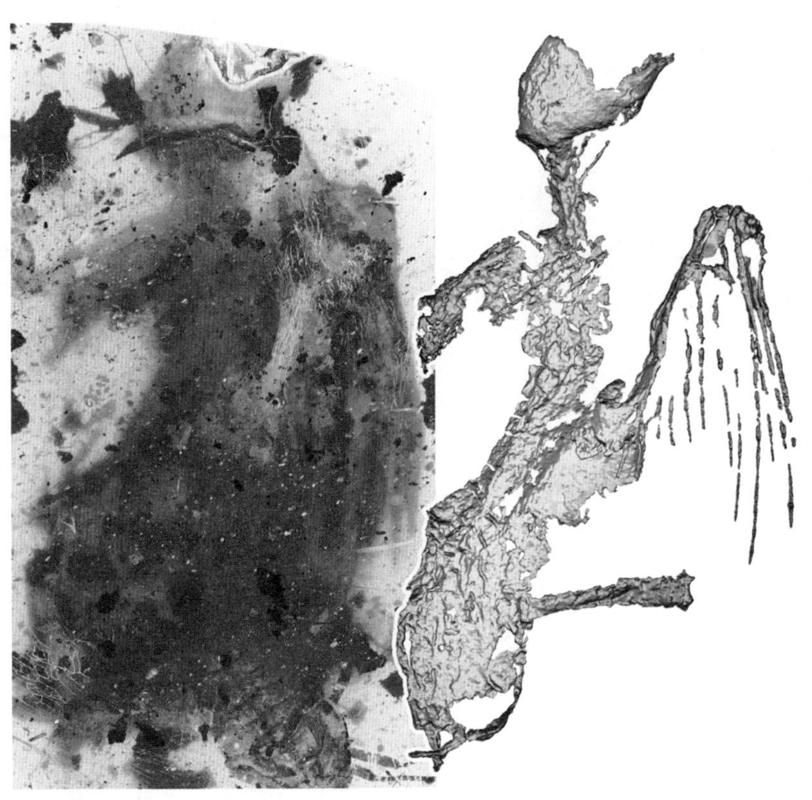

“煎饼鸟”和显微 CT 重建以后的图片

虫、虫粪和植物碎片等物质与小鸟一同埋藏，这些可以提供当时的琥珀形成的环境信息 —— 很可能是在地上，甚至其中一些小虫是专门来啃小鸟尸体的。

根据吸蜜鸟复原的“煎饼鸟”（毛宇昂 绘）

所以，当时的情况很可能是小鸟已经死亡，尸体掉落在了地上，并且经过了一小段时间后，才被树上滴落的树脂逐渐掩埋，最终形成了琥珀。

真的恐龙

早早的，在反鸟翅膀的论文发表之前，立达就已经向我展示了他新获得的材料，那是花了大价钱的。尽管在琥珀中算是比较大块的，但这仍是一块小小的标本，大约和我的眼镜片差不多大。最让人惊奇的是里面有根毛茸茸的尾巴，旁边还有两只蚂蚁。这两只蚂蚁，我一眼就能看出，是蜂蚁，真家伙。至于那节尾巴，虽然一度被珠宝商当做一截植物，甚至给这块琥珀起了个“蚂蚁上树”的名字，但还是没有逃过立达的眼睛 —— 这是一条尾巴。但我们都知道，这很可能是不得了的东西，从未被描述过的东西。这是一个“Big Bang（巨响）”，就看什么时候在哪里放了。

最初，它被怀疑是某种鸟的尾巴，但最终和我们之前的判断并不一样。

首先，我们通过显微镜认真检查了尾巴上的羽毛结构。由于一些恐龙化石上具有羽毛痕迹，古生物学家已经对恐龙体表的羽毛结构有了一些了解。恐龙的羽毛和鸟类的不一样，不能支持飞行，相对鸟类，它们的羽毛更倾向于关于羽轴左右对称，而具有飞行能力

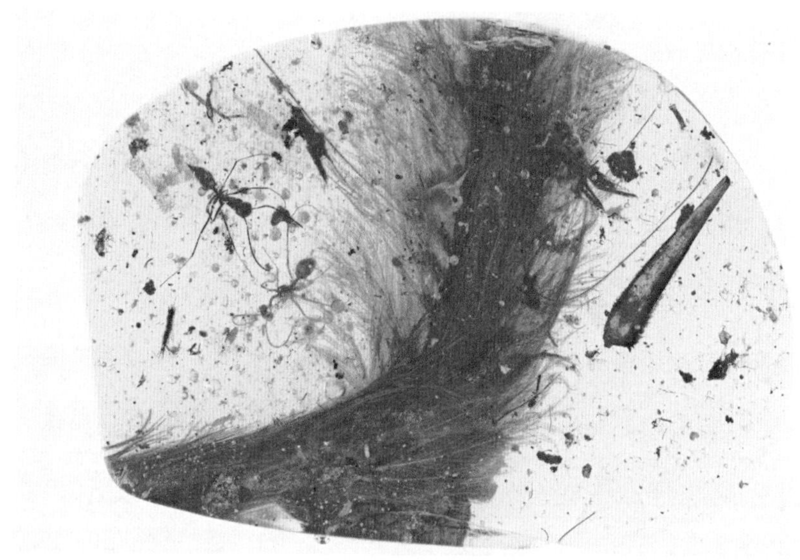

琥珀里的蚂蚁，以及毛茸茸的尾巴

的鸟类的羽毛则不然，那是不对称的羽毛，特别是在飞羽上更为明显。立达很快就抓住了这个区别，然后，判断它是一截恐龙的组织，一截恐龙的尾巴。而且，这些羽毛在羽轴上就像树杈一样有分支，这也是很有意思的一个特点。这都意味着它与当代鸟类不同。

这是一个相当令人振奋的消息。这块花了很多钱买来的琥珀，大概不会亏了。

后来，团队的科学家详细对这些羽毛进行了分析，并与鸟类的

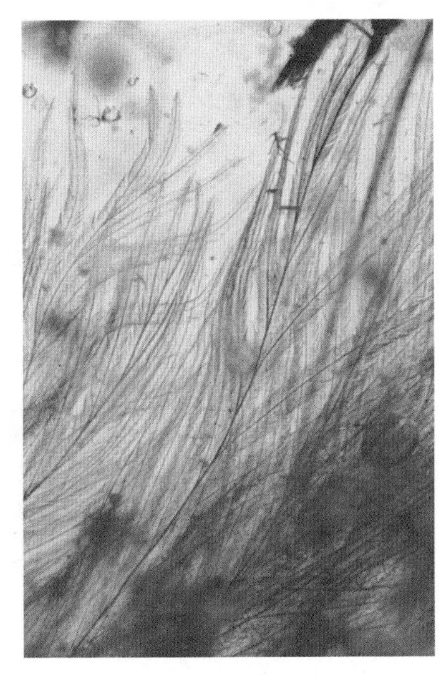
恐龙琥珀标本的细节：羽支分支结构

羽毛进行了对比。我想你大致也能猜到，从龙到鸟的羽毛演化也不是一蹴而就的，而是经历了漫长的、甚至是反复的变化，会产生一系列不同类型的羽毛。我们琥珀样本的羽毛结构显示，它正好位于恐龙羽毛演化过程的一个中间位置。这块标本本身，也可以作为之前人们的恐龙羽毛演化理论的有力支撑。

接下来，我们利用多种对样品无损的扫描技术，对琥珀的内部结构进行了3D扫描，发现其中存在至少9块尾椎骨。虽然古生物学界从没见过琥珀里的恐龙组织，但通过化石研究，已经对恐龙的骨骼相当了解。所以，尾巴里的那些骨骼，是对尾巴主人身份最可靠、最强有力的证据。三维重建的尾椎骨形态确定无疑地显示，它不仅是条恐龙尾巴，而且属于和鸟类关系较近的手盗龙类（Maniraptora）。

反鸟标本——天使之翼的羽毛细节

然后，我们以此为基础，估计了尾巴主人的体型——大概18厘米长。研究团队给它起名叫“伊娃”。这是一只小小的恐龙，如果它还活着，甚至可以被你装进杯子里。你可能会对只有这么大的恐龙感到失望，但恐龙确实没必要是庞然大物，还记得之前的小龙足迹吗？那也是小型兽脚类恐龙留下的。手盗龙类也是兽脚类恐龙，所以，伊娃应该也吃肉，但是，多半只能吃昆虫肉。事实上，琥珀本身也不太可能包裹住太大型的动物遗骸，所以鸟是小小鸟，龙也是小小龙，我将在后文介绍的那些琥珀里的脊椎动物，同样也是小小的家伙。

与此同时，在琥珀里还保存着两只古蚂蚁，它们可是货真价实的古蜂蚁，早已彻底灭绝。这两只蚂蚁的存在，也佐证了样本的古老性。

我大概可以想象出当时的场景。由于没有在琥珀上看到挣扎的痕迹，伊娃在被树脂覆盖的时候应该已经是尸体了。它也许是自然死亡，也许是被某个捕猎者杀死。总之，在森林的某个角落，出现了这条小恐龙的部分尸体。腐烂的尸体开始吸引食腐的昆虫，两只蜂蚁也许是被昆虫吸引来的，也许是被腐肉吸引来的。它们正准备大快朵颐。啪嗒，一滴树脂滴了下来，裹住了部分尸体，也粘住了蚂蚁。随着地质历史的演变，那些没有被裹住的部分遗失掉了，只有被包裹住的那一部分，变成了今天的琥珀。

在可以解读的信息里，我们第一次确定地看到了恐龙的羽毛是怎样长在它的身体上的，而不是再像化石那样只看到了一些羽毛的印痕。而且，这也是对恐龙生有羽毛这一结论的又一个有力支持。而这些羽毛，栩栩如生，提供了比普通化石更多、更准确的信息。

伊娃的复原图（张宗达 绘）

除此以外，我们还对伊娃标本进行了更多的分析，包括化学成分等，获得了一些其他有趣的东西，将来可以进一步研究，但这次没有在撰写的论文中过多讨论，我在此处也不便多说，可以作为一个悬念，我们如果后续研究，我会及时披露的。

是时候来写文章发表这个成果了。不过，由于鸟类样本较多，国内外同行可能会有较激烈的竞争，所以，我们在两组样品同步研究的过程中，优先安排鸟类样本撰写和发表论文，然后才是伊娃样本的论文。

这篇文章，我们是试着投了一下《自然》(*Nature*)的，但是没有成功。很遗憾，但不意外。我们也不是第一次投《自然》，也不是第一次被拒，心态已经很好。这次的原因有两个，一个原因是，在这篇论文投稿之前，我国一个重大的古生物发现被质疑化石有问题，加上国内化石黑市的乱象，《自然》等顶级刊物对出自中国或中国学者的化石论文更加谨慎；另一个原因则是，与前些年不同，近年来顶刊更倾向于那些开创性的工作，虽然琥珀里找到了恐龙尾巴非常让人惊喜，但是，还不够意外，它只是恐龙化石的一种新的保存形式，并没有实质上的突破。所以，最后被《自然》拒稿也没什么意外的。另一方面，考虑到鸟翅膀的首篇论文发表在了《自然通讯》(*Nature Communications*)杂志上，为了避免比较好的文章都集中在同一种刊物上，最后，这篇文章经过投稿后，发表在了《当代生物学》(*Current Biology*)杂志，我是作者之一。

一场发布会

就如预想中的那样，这篇论文一经面世，就引起了方方面面的重视，作为论文的主要作者，立达获得了尤其多的关注。上海自然博物馆更是愿意提供一个发布会的场地，并邀请论文的作者们过去讲一讲这块琥珀的故事。

不如解读一下琥珀里的那两只小蚂蚁？我准备了一个小小的演示文档（PPT），提前一天坐上了南下上海的高铁。下午，经过4个多小时的旅程，我抵达了上海虹桥站，天色还不算太晚。几个相熟的朋友知道我要来，还特别派了一个小伙伴来接站。立达到站会稍微晚一点，但死活让我在车站等着他。看来，那家伙身上带着那块价值不菲的琥珀呢，得把他安全护送到宾馆。于是，我又成了接站人，和朋友一起把他送到宾馆。宾馆是上海自然博物馆帮忙订的，离地铁出口很近，很方便。我们刚出地铁站，就遇到了该叫嫂子的立达夫人。嫂子正在往外走，看来也是担心这家伙。毕竟这块价值不菲、吸引了全球目光的琥珀就在他身上呢，如果半路丢了，发布会也就不用开了。

晚上，我还被团队委托了另一件事情，就是把这根恐龙尾巴的3D打印模型带到会场。这个模型分四段打印，还需要在现场粘起来。

第二天上午，在宾馆吃早餐的时候，我见到了一同来参会的另外两名团队成员。一位是中科院高能物理研究所的黎刚老师，另一位是中国台湾的曾国维教授，我们在之前的项目中也合作过。之后，我把这个模型带到了上海自然博物馆，然后和嫂子、国维一起，在工作人员的帮助下试着把它拼装起来。在等着模型的胶水凝固的时间里，我们还得去给它找个支架，好在发布会上把它展示起来。

国维想到了博物馆边的一家礼品店，这家店的老板和他是朋友，主要经营一些自然主题的石头、模型、公仔等礼品，店里的恐龙模型让人印象深刻。有货，自然就有托架。店主很爽快地表示，店里的各种货架、托架，看上哪个就直接拿走。于是，我们选了一个大托架和几个小支架，用蓝胶固定起来做了一个支架。我们顺路还借走了一个可爱的恐龙公仔作为装饰。这就是后来在媒体报道中出现的那个恐龙公仔的来历。

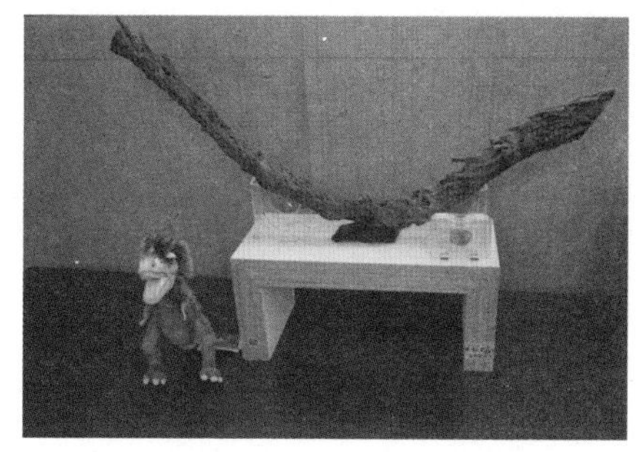

最后，我们布置好的展示台的样子。左边是恐龙公仔，上面是 3D 打印的尾巴模型，右下角那一小块，就是伊娃标本本身了

下午，我们抓紧时间在自然博物馆里遛了一圈，就登上了发布会的讲台。大家介绍了各自的工作以后，就该听众提问了，立达大包大揽，自己应付。发布会的具体过程没有太多有趣的事情，还是说说之后的事情。

发布会结束后，在后台，所有的人都欢脱了起来。我们几个作者拿着这块小小的琥珀玩来玩去，幸好没有人像威尔逊那样失手，把它摔到地上。我拿着琥珀，看着立达，突然在想，这家伙背地里有没有舔过这标本，好尝尝恐龙尾巴是什么味道？实际上，我严重怀疑立

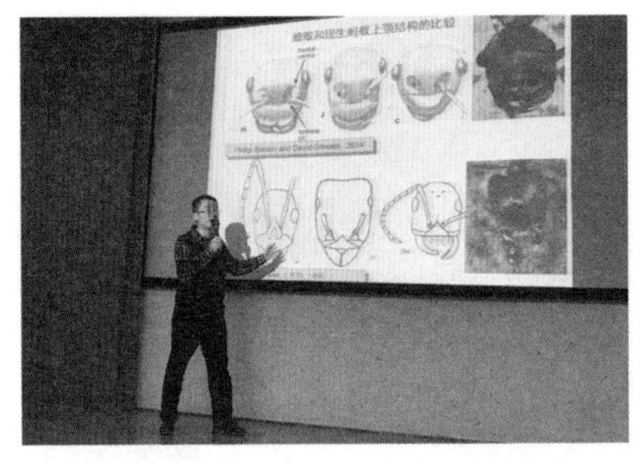
我在发布会介绍蜂蚁和现代蚂蚁的区别

达私下里这么干过。毕竟这个吃货炖过恐龙蛋化石喝汤，还料理过一小片猛犸肉——没拉肚子，足以说明西伯利亚的冻土环境在保质期方面确实挺给力的。

其间，立达还接受了日本朝日新闻的采访。采访方式是远程的，也许是直播？立达在手机面前侃侃而谈，信号的那一端是朝日新闻的记者，我扮演手机支架。采访的时间不短，采访的具体内容我也已经不记得了。到了后面，我的主要关注点在手机上。因为举着手机的时间太长，我的手开始抖，只满心盼着采访快点结束。至于后期因为手抖而造成的画面质量问题，已经不在我的考量范围之内，谁也没料到要采访这么久，手机没在直播时掉地上已经是万幸，你们就当成是远程通讯的画面质量不稳定吧……

到了最后，是分别的时候了，立达夫妇当晚就要离开，去参加次日的会议。我们瓜分了蛋糕，合影留念，然后，曲终人散，互道再见。

可以有个白垩纪公园？

费了九牛二虎之力，一条小蛇终于从蛋壳的束缚中挣脱了出来。它是最先出来的那个，兄弟姐妹们还都没有出壳呢。它抬起稚嫩的脑袋，吐出分叉的舌头，打量着这个新鲜的世界。

也许是觉得不够安全，它扭曲着身子，向前滑行，一点点离开了自己的出生地。借助林间斑驳的光影，它躲开了捕食者的视线。

然而，命运总是从最让人意外的地方入手。

啪嗒，一滴树脂掉落了下来，滴到了它的身上，它奋力扭动着身体，想要摆脱这黏稠的东西，然而，一切都是徒劳的……

蛇、蛙及更多

老实说，我去野外，最怕遇到的就是蛇。倒不是不怕猛兽，而是猛兽实在不太常见，蛇倒是很常见，而且不知道什么时候，会遇到毒蛇。但是，琥珀里的还好。白垩纪有蛇，立达找到了，而且有两块标本。

其中最重要的一块来自琥珀藏家，里面有多半条蛇。由于这条琥珀蛇的软组织有很严重的缺失，暴露出了很多肋骨，看起来有点像一排长长的腿，所以，它最初是被当做蜈蚣的琥珀被买家收藏起来的。

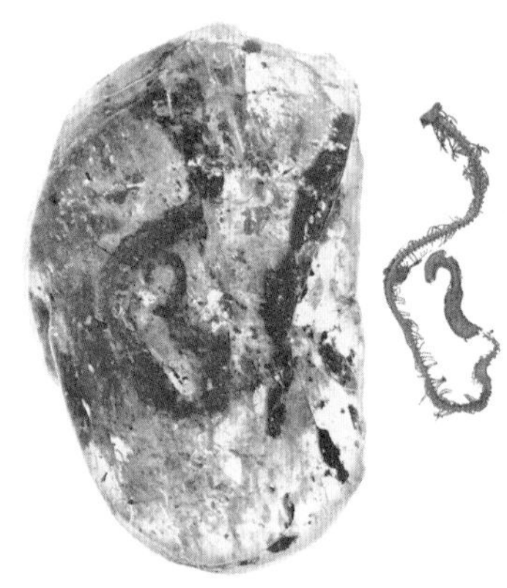

缅甸晓蛇琥珀和 3D 重建图

印度眼镜蛇的骨架。如果没有头，看起来确实挺像一只大蜈蚣

不过，收藏家贾晓女士最终还是发现了它的真实身份，在一次偶然的机会里，她看到了蛇的骨架，才意识到它的重大意义。于是，在被戏称为“缅甸琥珀之王”的立达同学的组织下，一个研究团队形成了。

研究团队首先对标本进行了拍照，然后使用显微CT技术对标本进行了扫描，然后再利用数据进行三维建模，获得了样本内部的结构。经测量，琥珀蛇的个体长4.75厘米，保存了较接式的颅后骨骼，包括了约97枚椎骨、肋骨和部分皮肤。这97枚椎骨中的前87节加上肋骨构成了躯干，剩下10节构成尾部。标本的每一枚椎骨都非常小，躯干的椎体长约0.5毫米，尾椎长约0.35毫米，在尺寸和形态上与管蛇科的红尾管蛇（*Cylindrophis ruffus*）的新生蛇较为相似。所以，这很可能也是一条刚刚孵化出来不久的小蛇。

根据同时代的一些蛇类颈椎与躯干椎可以达到150多个来推算，这条蛇大概还应该有几十个椎骨。以此推算，如果标本完整，这条琥珀蛇大约9~10厘米长。研究人员为它起名为缅甸晓蛇（*Xiaophis myanmarensis*）。“晓”字有多层含义，一方面指蛇“小”，另一方面是向贾晓女士致敬，最后一方面，还有破晓之意，暗示了这条蛇的原始。

通过比对还发现，缅甸晓蛇的颅后骨骼与其他白垩纪冈瓦纳蛇类的骨骼化石具有极高的相似性，如阿根廷发现的、距今9000万年的狡蛇（Najash）和恐蛇（Dinilysia）。将缅甸晓蛇加入到早期蛇类的演化结构中后发现，缅甸晓蛇的位置在基干冈瓦纳化石蛇类和蛇类冠群之间——这话说得有点晦涩。我们换个通俗点的说法，就是说，从进化的角度上来说，缅甸晓蛇的位置正好在白垩纪的古蛇和现代蛇类之间，或者说，是一个过渡位置。换句话说，它没准是现代蛇类的祖先。所以，这是一个很古老的小家伙。

我们之前已经说过，相比普通化石干巴巴的骷髅状态来说，琥珀样本最具有特色的就是带有肌肉等软组织结构，虽然这些结构已经不同程度地丢失和碳化，但仍能帮助我们了解古蛇的肌肉是如何着生在骨骼上的，一方面可以为普通化石的组织重建提供证据，另一方面通过和现代蛇类的比较，就能找到蛇类演化过程中的一些线索。

至于另一块琥珀，那是一块带有蛇皮的琥珀，后者应该是较大型蛇类所蜕下的一小块皮。这两块琥珀都富含昆虫、昆虫粪便

缅甸晓蛇复原图（刘毅 绘）

和植物残留物，提供了独特的森林生态系统记录。缅甸琥珀中发现的其他一些植物和无脊椎动物都表明，这是一个包含有淡水栖息地的、温暖潮湿的热带雨林生态系统，部分琥珀森林亦濒临海岸线。有趣的是，白垩纪几乎所有已知蛇类都表现出了水生适应性或发现于河流沉积物中，而没有陆地生活的记录，或者说，此前所知的白垩纪蛇类多数都是水生的。因此，人们倾向于认为当时的蛇类还没有登上陆地。而缅甸晓蛇是首次在中生代森林环境中发现的蛇类，表明早期蛇类比我们之前想象得更为多样，它们已经开始适应陆地的生活。

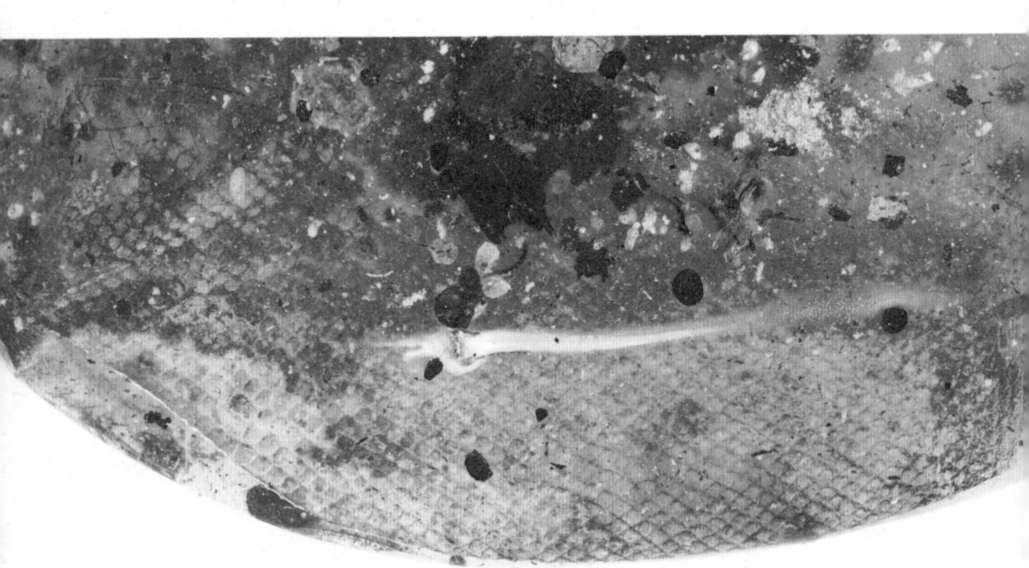

蛇皮琥珀（Ryan C. McKellar 摄）

缅甸琥珀中的东西确实比较丰富，小蜥蜴、蛙类等也偶有发现。比如之前我们曾想做一个涉及古病理学的琥珀研究——有只蜥蜴的爪子似乎是个“六趾”，多一根趾头。这听起来挺不错，是我拿手的。然而遗憾的是，这事最后戛然而止，因为，经过扫描以后，我们发现，原来那只是标本保存状态不好，趾骨散乱，造成了六趾的假象。此外，立达还研究过蛙，也是在《科学报道》（*Scientific Reports*）发表的。

这应该是目前已知最早的琥珀蛙，之前只有墨西哥和多米尼加两地发现过蛙类琥珀化石，而且是来自大约两三千万年前的新生代时期。标本的保存状态不错，至少多数人一眼就能从里面看到一条稍微干瘪的青蛙腿。

标本同样来自一位女士，琥珀收藏家李墨女士。所以，为了感谢化石的提供者，最后给这种蛙的定名是李墨琥珀蛙（*Electrorana limoae*）。通过比较，这块标本与现生的产婆蟾超科（Alytoidea）或盘舌蟾超科（Discoglossoidea）蛙类非常相似，是个生活在雨林底层的小家伙。达米尔 · G. 马丁（Damir G. Martin）为它绘制了复原图，小蛙看起来挺萌，有点3D动画电影剧照的既视感。

琥珀蛙复原图（达米尔·G.马丁 绘）

当然，最意外的是，在缅甸琥珀中，我们多次遇到了海洋节肢动物。这就很有意思了。这表明，当时滴着树脂的植物已经长到了海边，才有可能包裹住被冲上岸的小动物，或者它们的尸体。

先说说那块介形类琥珀。这也是立达通过《科学报道》（*Scientific Reports*）已经发表的成果。

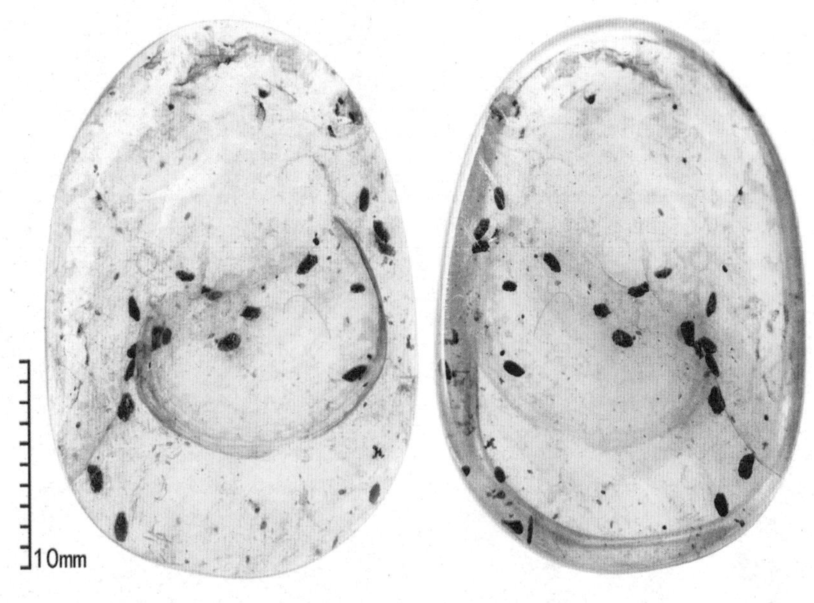

介形类琥珀的正面和反面

介形类在古生物学界相当有名，它们属于甲壳类动物中的介形纲（Ostracod），也被称为“种子虾”或“介形虫”。有趣的是，这些小东西看起来不像是虾蟹，反而有点像贝壳——它们整个身体被包裹在两片大小相等或不相等的介壳当中，背部有铰合结构，可以自由开闭，腿脚都藏在介壳里面。介形类的体型微小，通常为0.5至3毫米长。

它们的历史可以追溯到奥陶纪早期，也就是大约四五亿年前。目前我们已经知道大约7万种介形动物，其中1.3万种是现存物种。

由于介形动物在地质历史上延续的时间长，种群数量大，分布广泛，并且含钙的外壳很容易被沉积物掩埋形成化石，它们成为了地层的标尺。地质学家可以根据不同地层中保存的介形动物的种类来判断地层的地质年代。

作为典型的水生动物，介形动物显然不太容易出现在琥珀中。所以，这块琥珀是在缅甸琥珀中首次找到的，年代也最早。在此之前，世界上仅有的介形类琥珀记录都出现在新生代，比如俄罗斯的始新世琥珀，还有墨西哥的中新世琥珀，要比这块琥珀晚上好几千万年。此外，在这块琥珀中，还包裹了不少虫粪颗粒，甚至小型蜘蛛的残骸。但这些包裹物与包裹的介形动物之间有明显的流纹分割边界。这表明这块琥珀的形成经历了两次过程，树脂先包裹了介形动物，然后经过了一段时间，又有另一股树脂掉落下来，包裹住后来粘附上去的虫粪和小蛛。

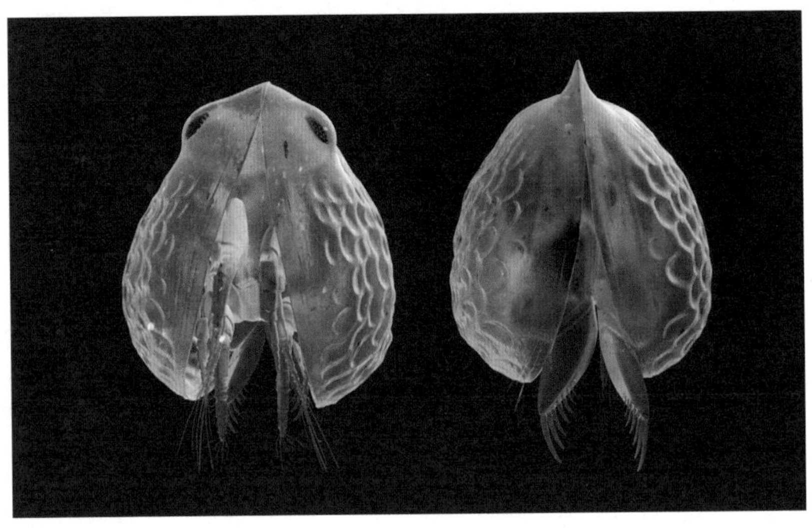

介形类的复原图前面观（左）和后面观（右）（邢立达 供图）

但是，这枚琥珀最特别的地方，却并不是它的年代，而是它的体型。它的长度逼近13毫米，在同类中堪称巨大。当然，也不是说就没有比它大的了，比如当代最大的介形动物巨海萤（*Gigantocypris*），长可达32毫米，有着浑圆的瓣壳和巨大的眼睛，但它们生活在深达900～1300米的大海中，而不是在浅海。

从分类学上来讲，缅甸标本应该被归入介形类丽足介目（Myodocopida）。这类动物完全海生，它们的壳体较大，但是由于钙化程度低而不太结实。缅甸标本为单瓣的蜕壳，本身也是非常脆弱，可能唯有琥珀才能将它保存至今吧？

进一步的比对显示，一些现生的发光介形动物尤其和缅甸标本相似，它们在受刺激时，会从体内排放出来能发光的分泌物，产生浅蓝色的冷光。如果大量聚集的话，在夜色下，整片海域都会闪耀着这种清亮的光芒。也许，琥珀里这种介形动物也能发光吧？不知在白垩纪时代，这片远古森林的居民们是否因此欣赏到过这样的生命奇景？

发光生物在海边形成的光带（图虫创意）

白垩纪公园？有没有可能？

20世纪末，电影《侏罗纪公园》几乎是家喻户晓，到了21世纪，这个系列又有了续作，可谓红度不减。这个电影系列以一群致力于复活恐龙的科学家的故事开始。他们的基本技术路线是这样的：科学家从琥珀中蚊子的消化道里获取恐龙的血液，然后，从恐龙的血液中提取恐龙的基因。但是，由于年代太久远，这些基因已经破碎化，于是，在电影中，科学家用现代动物的基因将恐龙的基因补全，然后复活了它们。

如果按照这个路子去设想的话，我们似乎比电影还接近复原恐龙的理想——我们，有伊娃标本，真正的恐龙组织被保存在了琥珀里。这比电影中那些科学家手里的蚊子琥珀高端多了。先不说蚊子肚子里有没有血，它们肚子里的血也未必是恐龙的血。而且我们有更多选择，我们的琥珀里有鸟、有蛙、有蛇、有植物、有各种虫。借助这个技术路线，就算弄不出侏罗纪公园来，那白垩纪公园总应该可以弄出来吧？

但是，你想多了。

因为缅甸琥珀距今0.99亿年，也就是差不多相当于1亿年前。我们要获取基因片断，提取DNA分子的话，就要面对DNA的寿命问题。DNA的半衰期是521年，也就是差不多500多年衰减50%。但现在的问题不是500多年的问题，而是一亿年的问题，是很多个500多年的问题。

这样算下来，实际上我们从琥珀当中几乎无法找到有用的DNA片断。

我们可以把恐龙的DNA想象成一长串由拼音或单词组成的语句，这些语句描述了一头恐龙应该长成什么样子。实际上，DNA确实和这个情况差不多，只不过组成DNA的字母要少，只有4种字母，分别为A（腺嘌呤）、T（胸腺嘧啶）、G（鸟嘌呤）、C（胞嘧啶）。在遇到复杂问题的时候我们可以用模型来简化它。比如现在，这句话"womenyaofuhuokonglong(我们要复活恐龙)"是一段DNA信息。

经过了一段历史时间，这段信息被分解了。变成了"womeny""aof""kon""uhuo""ong""gl"等片段。在这种情况下，我们仍然有希望把它还原出来，我们可以通过拼接、计算和推测的方法，得到比较完整的有意义的信息。

但是，如果经历了一亿年后，DNA 已经完全变成字母了，完全没有顺序信息了，你只能得到数以亿计的散乱字母，甚至连字母本身都残缺不全了，我们就很难获得有用的信息了。

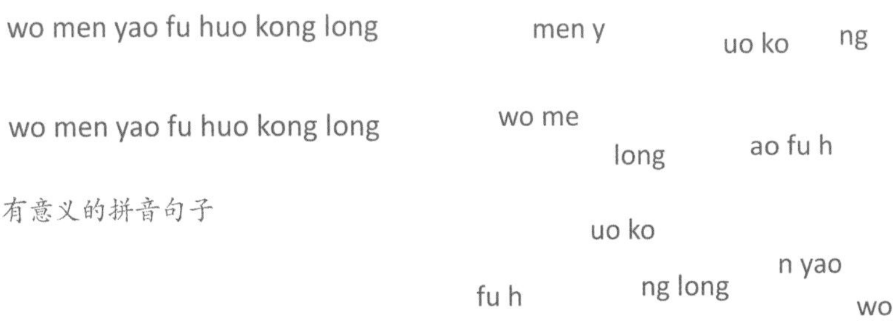

有意义的拼音句子

虽然散乱到一定程度，但仍然是可以通过拼接和比较来解读的

m o a g
o
k m y
k l e n
w h f
u o u
g a
n o u n o g
o u
f e n l
o y w n
h g n
o o u o

被破坏到几乎无法获取信息的散乱字母

在这种情况下，我们想通过琥珀里面的遗传信息来复活恐龙，就不现实了。

我和另一个朋友张国捷教授讨论过这个问题，不是单纯的复活恐龙，是提取有价值的基因碎片的问题。我们觉得，假如这个琥珀是距今100万年，或者更近一点的，也许还有希望通过某些方法提取有价值的基因片段。然而，对缅甸琥珀来讲，100万年，连零头都不够。

这个方法，不能用来复活恐龙，倒是有希望复活猛犸象等古哺乳动物，建造一个冰河世纪公园。

猛犸象可能大家都比较熟悉，它们是冰河时代的标志性动物，体型巨大，成群地行走于北半球大陆广袤的冻土上。与热带和亚热带地区生活的象类不同，猛犸象的身上披着厚厚的长毛，有时候也被称为长毛象。这些长毛在影视作品中通常被渲染成略带红色的样子，但实际上猛犸象的毛色有好几种，就像人类不同的肤色一样。猛犸象的头后面、背上还有储存脂肪的驼峰，再加上它们短小的耳朵和尾巴，都使它们可以适应严酷的寒冷环境。猛犸象还演化出了特殊的血红蛋白，这些血红蛋白可以在接近冰点的温度下继续工作一段时间，释放出氧气，这使得它们的表皮更不容易被冻伤。尽管在冰河时代它们曾相当成功，但是伴随着冰川期的结束，以及人类祖先迁徙的征途踏上了它们生存的土地，猛犸象走上了末路。

大约在距今1万年前的时候，大陆上已经基本没有了猛犸象。但在北冰洋的弗兰格尔岛上，它们又苟延残喘了几千年，这最后一支猛犸象最终在大约6000年前时灭绝了。这个时间，足够近。而且西伯利亚是冻土带，有很多冰冻的猛犸象尸体，就像储存进了天然的冰柜里。在这种前提下，是有可能提取到基因碎片的，如果样本足够多，我们甚至有可能获得足够的DNA碎片，拼接出猛犸象极为详细的遗传信息。

在迁徙过程中坠入冰窟的猛犸象，它的尸体将被封冻起来（图虫创意）

如果猛犸象能够回到这个世界上，这也许是一件好事。

大约10万年前，我们的祖先开始走出非洲以来，他们在猎杀大型动物上表现出了“卓越”的天赋，并且被认为是从欧洲到美洲的一系列大型哺乳动物灭绝事件的重要推手。猛犸象的灭绝，可能也是如此。这打破了生态系统的微妙平衡。

来自俄罗斯的科学家谢尔盖 · 兹莫夫（Sergey Zimov）带来了大约一两万年前，最后一次大范围冰冻时期冻土地带的景象：那时候的冻土，不像今天的西伯利亚那样长满了苔藓和地衣，而是到处都是茂盛的草丛，巨型动物漫步其间。这些巨型动物生活在当时世界上最大的生物群落中，它们不断地踩踏和翻腾大地的表层，它们掀开泥土，暴露在更寒冷的空气中，让脚下的永久性冻土保持着长期冰冷的状态。然而，随着这些动物的消亡，草地开始不断退化、逐渐消失，取而代之的是地衣和苔藓，森林向草地侵蚀，冻土也开始升温。

今天，随着工业文明的不断发展，越来越多的二氧化碳被排放到了空气中，导致了全球气候的变暖。北极地区更是如此，遥感数据表明，这一地区变暖的速度比世界其他地区高出了两倍。在这种情况下，冻土地区更像是一个定时炸弹。它富含二氧化碳和甲烷，一旦冻土融化，这些气体就会逐渐释放出来，最终，从冻土地带排出的碳会比焚烧掉地球上全部森林所产生的碳量还要高出三倍！这将形成恶性循环，不可逆转地推动全球持续变暖，从而深刻地改变全球气候。所以，要阻止冻土融化，锁住冻土带中的碳。

在西伯利亚一个160平方千米的保护区内，兹莫夫进行了他的实验。他用拖拉机、打桩机、推土机，甚至是收购来的第二次世界大战时期的坦克，来模拟巨型动物行为造成的结果。他在雪地里凿洞、敲碎树木、翻起地衣和苔藓，用坦克的重压模拟动物的踩踏效果。他成功地将平均气温降低了9摄氏度。兹莫夫充分地证明了巨型动物的存在能够维持冻土地带的稳定。如果能够复活并迁入它们，比如猛犸象，让它们回归到原本的生态环境中，我们也许能够找到解决冻土融化问题的方案。

也正是因为如此，在顶级基因科学家乔治·邱奇（George Church）教授的领导下，以杨璐菡博士为首的团队对复活猛犸象进行了技术验证。有一本叫做《又见猛犸象》的书记录了这个故事，我读了这本书，如果有兴趣，你也可以找来读读。同时，为了确定我的理解，我和璐菡进行了邮件通信，以便我不至于弄错什么。

璐菡团队没有试图重建整个猛犸象的DNA，而是用和《侏罗纪公园》差不多的技术思路，选定猛犸象的关键特征，然后挑取其中对应的基因去改造亚洲象的基因组。

他们挑取了猛犸象的多项基本特征，其中有4项被认为是最重要的。第一，也是最明显的特征，猛犸象具有浓密的毛发。这使猛犸象的皮肤免于暴露在严寒中。第二，皮下厚厚的脂肪层。脂肪层具有保温作用，可以帮助猛犸象抵御严寒，同时为它们越冬提供营养。第三，小而圆的耳朵，这与今天大象大而不断扇动的耳朵完全不同。第四，则是血红蛋白，这些血红蛋白可以在低温下仍然运送氧气。

他们采用CRISPR基因编辑技术来完成这些操作。这一技术能够将这些片段准确地进行改变、拼接或清除，使基因操作的难度大为下降，并且较过去的技术更为准确和高效。

这些选定的基因被分别植入不同的细胞中，培养形成细胞团，以验证基因的功能。最终，包括猛犸象的血红蛋白、皮下脂肪、耳朵细胞和尾巴细胞等在内，研究团队最终希望获得的20多种特征已经实现了14种，不过，是在培养皿里。那里有14个类器官，不是真正的器官，但你可以把它理解成是猛犸象器官组织的微缩版本。它们，都活着。比如血红蛋白，这是较难测序却比较容易检测的特征，这些细胞即使在低温也在释放氧气。而经过毛发有关基因改造的细胞，则被植入到了裸小鼠的皮肤上。这块皮肤上，长出亮红色的毛发。技术验证已获得初步成功。

然而，这离真正复活猛犸象还很远。接下来也许还要好多年你才能看到这些史前巨兽徜徉在冻土带之上。因为相应的基因需要被组合到同一个细胞中，这需要时间。然后，还需要把这个细胞培育成一个猛犸象胚胎并放入一个合适的子宫中。关于这一点，邱奇实验室正准备设计一个人工子宫，就像科幻电影里，可以在体外培育胚胎的那种。这，也需要时间。再然后，让亚洲象群将复活的猛犸象幼崽抚养长大也需要时间——一头象从出生到性成熟大约需要15年，然后你最快还要再等22个月，它才能产下一头小象。这时，才有一个真正的可以繁殖的猛犸象家庭出现。而让小群猛犸象在野外适应北极地区的环境也需要时间。研究过程中每前进一步都会带来令人振奋的消息，同时，也困难重重。

事实上，也许随着将来技术的进步，我们没有必要再用现代大象为蓝本来组合 DNA。也许有一天，随着 DNA 合成技术的进步，我们可以直接合成整条猛犸象 DNA 长链。若是如此，那将是 100％ 完全版本的猛犸象。总之，希望已经产生，猛犸象的回归，确实正在一步步实现。未来，可以期待。

还有思路没?

那我们就没有希望来复活恐龙了吗？

还有一个办法，利用返祖现象。

你也许知道，极少数人天生有尾巴，或者浑身长着长毛，有的人把长毛剃掉以后还很漂亮、俊美。其实，我们每个人在胚胎时期都是有尾巴的，但这个尾巴在胚胎发育过程中消失了。这是生物演化在我们的身体上残留的痕迹。

在演化过程当中，我们的祖先本来是有尾巴，后来在形成猿类的时候消失了。但这些基因并没有完全消除，在胚胎发育的过程中，仍然在发挥作用，只是又在后来的发育过程中被调整了。还有一些基因，虽然它因为结构变化已经失效了，不能启动了，但是这个基因本身还在。一旦我们把它的结构修好，它仍然有可能会发挥作用。在我们的 DNA 里，有很多这样的基因。所以，如果我们有办法让这些基因表现出来，是不是就回到了初始状态?

比如说，如果在胚胎发育过程中把尾巴消失的过程阻断掉，那这个胎儿就有了尾巴。而恐龙也是有后裔的，就是鸟类。我们有没有可能在鸟类的基础上寻找这样的线索，然后把它们诱导出来，再次呈现出恐龙的特征?

当然，这个恐龙已经不是纯粹意义上的恐龙了，但至少会比较接近恐龙。

如果我们这样做的话，需要找一个样本，一个尽可能贴近恐龙的样本，然后以它为基础，把它祖先的特征一点一点地表现出来。

接下来的问题是，哪个类型的鸟类更接近恐龙?更方便我们做这样的操作呢?

完成这个事件的前置条件应该是，我们必须搞清楚鸟类的起源，搞清楚鸟类在演化过程中是怎么发生变化的。

这事还得提一下国捷，他在当代鸟类中选取了代表，进行了全基因组测序和分析，并在2014年以《科学》（*Science*）专刊形式发表了研究成果，基本回答了当今鸟类是如何演化的问题。鸟类大约是在恐龙灭绝后的1000万年内完成了辐射性演化，统治了新生代的天空，并且形成了各个主要类群。根据国捷他们的研究，选择鸡或者鸵鸟来作为蓝本是比较稳妥的。迈克尔· 罗曼诺夫（Michael N. Romanov）等人在2014年重建了鸟类祖先基因组的总体结构，也给出了比较肯定的答案——鸡类的变化确实是最小的。所以，如果去复活恐龙的话，家鸡也许就是比较合适的实验材料。

关于鸡类基因组的古老性，还有一些其他的证据。比如今天大多数鸟类的飞羽是长在翅膀上的，腿上是没有飞羽的。但是由于鸟类飞行的四翼起源，早期的鸟类，包括一些似鸟恐龙有时候都有类似的结构。但今天，我们仍能在起源于中国的矮脚鸡的腿部看到类似的飞羽。

然后，在鸟类演化过程当中，还有一个有趣的现象，支持这种思路去复活恐龙。国捷他们用鸟类的基因组和其他动物的基因组进行比较，去寻找属于鸟类的特有序列。他们发现，鸟类的基因组里面大概有1% 是特有的。而1% 的特有基因当中绝大多数是位

街边的矮脚鸡和它腿上的羽毛

于非编码区的。也就是说，这些序列不会产生新的蛋白质或者新的结构，而是对已有的基因进行调控。

举一个例子来说吧，比如你现在正在捧着书的手。看看你的手指，每一节指骨的长度都刚刚好，这使你的手看起来很“人类”。假如有一个人，在手指发育的过程中，他与指节生长有关的基因因为某个意外的调控作用而变得更加活跃。他的每一节指骨都比普通人长很多，那他的五根手指就会让你感觉很惊悚了，这很“不人类”。但这实际在遗传上并没有太大的变化，只是一个或几个基因因为调控的问题稍微活跃了一点，但身体的结构就发生了很显著的变化。

同样的，鸟类在演化过程中产生了特殊的调控元件，基因的改变并不多，但这些调控元件可以增强或者减弱一些基因，使一些在某些地方不表达的基因表达了，在某些地方表达弱的基因表达强了，在某些地方表达强的基因表达弱了，等等。这样，即使没有产生全新的基因，鸟类和其他动物还是具有结构和功能上的不同。

在他们的研究里，提到了一个被称为“*SIM 1*”的基因，这个基因跟鸟类翅膀上的飞羽的形成有关，它使飞羽出现在了翅膀正确的位置上。研究发现这个基因前面多了特殊的增强子，也就是一种调控元件，从而使这个基因在鸟的翅膀上可以表达，促进了飞羽的产生。而这个基因本身在动物中是普遍存在的，但是只有鸟类获得了让它在翅膀上表达的能力。

他们用小鼠进行了验证实验，将报告基因和这个增强子连接在一起，敲入了小鼠的基因组里面。结果，在小鼠的前肢检测到了报告基因的活性，这说明获得了这个增强子的基因确实能够在动物的前肢上表达。

那假如把这个增强子从鸟类的*SIM 1*基因上去掉呢？鸟类的前肢还会不会长出飞羽变成翅膀？不会了。还能获得飞行的能力吗？当然也不会了。而这些变化，只是一个调控元件引起的。通过与其他动物*SIM 1*基因的对比分析，最终确定，这个变化大约在1.4亿年前发生的，正好是鸟类获取飞行能力的时间。这也证明了，这个变化是从龙到鸟转变的关键之一。那如果逆转这个过程，是不是就能离恐龙更近一点？

这样的话，一点一点地来逆转这些地方，就有可能造出一个像恐龙一样的生物。接下来的问题是，我们至少要改变哪些地方才能让它更像一只恐龙？

古生物学家杰克·霍纳（Jack Horner），就提出来这样一个把鸡改造成“恐鸡”的项目。他希望改变鸡的嘴巴，鸡的嘴巴是没有牙齿的，而且很窄，需要把鸡的嘴巴拉宽，然后让它长出牙齿；需

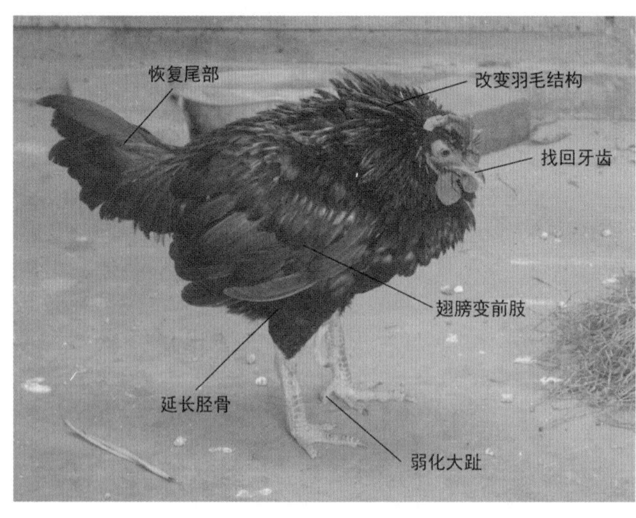

制造一只“恐鸡”需要做的工作。模特为红原鸡

要让它有一根看起来很酷的尾巴；需要把它的翅膀变成带爪子的；把它的腿改造一下；它的爪子也希望动一下……霍纳是在鸡的胚胎上进行操作的，已经实现了一些计划——他之前成功地让鸡的嘴巴看起来更像爬行动物的嘴巴。

最近，又有两则报道算是这其中的一点点进步。我们之前在讲足迹的时候已经提过，恐龙演化过程中逐渐地倾向三指（趾）——第一指（趾）和第五指（趾）退化了，剩下中间三个。所以我们研究恐龙的时候，尤其是食肉性恐龙，恐龙足迹就是三根趾头，小趾完全没有了，大趾也是基本上没用。但今天的鸟类不一样，今天的鸟类大趾多数是朝后的，这样它就可以抓握了，帮它们停落在枝条上。恐龙没有这个能力，它们更擅长在地上跑。而这个变化，主要来自大趾骨的形态变化和肌肉的状态。

2014年，科学家约翰·博特略（João F Botelho）等通过调控鸡胚的发育，使鸡胚胎的大趾发育成了类似恐龙的大趾的状态。博特略等在2016年又调控了鸡胫骨两端的表达。你在吃鸡腿的时候，也许注意过这根骨头，一根很小的、很尖的、像牙签一样的骨头，那就是胫骨。鸡的胫骨是很短的，但恐龙的胫骨是很长的。通过控制基因的表达，他们成功地让鸡胚的胫骨延长，变成了接近恐龙的胫骨的状态。

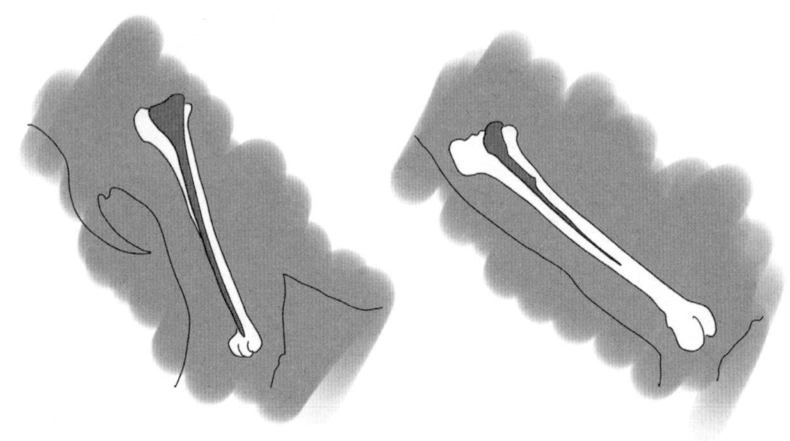

似鸟恐龙（左）和鸡（右）在胫骨上的区别，胫骨标记为红色

目前，所有的改变在目前看来只是一小点，而且只是胚胎，甚至没能孵出小鸡，离真正地复活像恐龙一样的生物，或者叫恐鸡，还有相当远的距离。不过，我们不妨设想一下，假如我们真的能复活恐龙呢？对我们的生活有什么样的变化，什么样的影响？

很遗憾，复活恐龙的意义也许没有复活猛犸象那么大。因为猛犸象虽然灭绝了，但它们当年的生活环境今天依然存在。把猛犸象放回到环境中去，还有生态学上的意义。它们回到西伯利亚去，仍能重新成为生态系统中的一环。

但如果我们把恐龙复活的话，它的生态学意义已经几乎没有了。今天的环境已经完全不同于恐龙时代，所以，即使我们复活了恐龙，也绝不可能把它放回到生态环境当中去——那是生物入侵，是会引起生态灾难的。而且，在今天的地球环境下，恐龙未必能够生存下来。

因此，假如如果我们真的复活了恐龙，大概只是在研究、娱乐或者资源利用的范畴内，小规模地复活一批。一个相对封闭的恐龙公园，也许真是一个不错的选择。毕竟，有人还是想看看活恐龙，或者想弄个恐龙皮的包包，甚至是尝尝恐龙肉的味道。比如立达那个吃货，复活恐龙这事还没影儿，就已经出了一本书，叫《把恐龙做成大餐》……

科学研究永无止境，我也乐此不疲，强烈的对未知的探知欲望，对远古生物的生命状态的想象，正是我无穷无尽的动力源泉，希望有更多的朋友一起前行。

参考文献

Anné J, Hedrick BP, Schein JP. 2017. First diagnosis of septic arthritis in a dinosaur. ***Royal Society Open Science*** 3: 160222.

Alexander RM. 1976. Estimates of speeds of dinosaurs. ***Nature*** 26, 129–130.

Backwell LR, Parkinson AH, Roberts EM, d'Erricoc F, Huchete JB. 2012. Criteria for identifying bone modification by termites in the fossil record. ***Palaeogeography, Palaeoclimatology, Palaeoecology*** 337–338: 72–87.

Bader KS, Hasiotis ST, Martin LD. 2009. Application of forensic science techniques to trace fossils on dinosaur bones from a quarry in the Upper Jurassic Morrison Formation, northeastern Wyoming. ***Palaios*** 24: 140–158.

Barrett PM, Upchurch P, Wang XL. 2005. Cranial osteology of *Lufengosaurus hueni* Young (Dinosauria: Prosauropoda) from the Lower Jurassic of Yunnan, People's Republic of China. ***Journal of Vertebrate Paleontology*** 25: 806–822.

Barrett PM, Xu X. 2012. The enigmatic reptile *Pachysuchus imperfectus* Young. 1951 from the Lower Lufeng Formation (Lower Jurassic) of Yunnan, China. ***Vertebrata PalAsiatica*** 50: 151–159.

Bell PR. 2010. Palaeopathological changes in a population of Albertosaurus sarcophagus from the Upper Cretaceous Horseshoe Canyon Formation of Alberta, Canada. ***Canadian Journal of Earth Sciences*** 47: 1263–1268.

Bell PR, Currie PJ. 2010. A tyrannosaur jaw bitten by a confamilial: scavenging or fatal agonism? ***Lethaia*** 43: 278–281.

Benton MJ. Evolution: How birds became birds. ***Science*** 345: 508–509.

Bien MN. 1941. "Red Beds" of Yunnan. ***Bulletin of the Geological Society of China*** 21: 159–198.

Bignell DE. 2011. Morphology, physiology, biochemistry and functional design of the termite gut: an evolutionary wonderland. 375–412. in: Bignell, D.E., Roisin, Y., Lo, N. (Eds.), ***Biology of Termites: a Modern Synthesis***, Second Ed. Springer.

Bishop GA, Williams AB. 2005. Taphonomy and preservation of burrowing thalassinidean shrimps. ***Proceedings of the biological society of Washington*** 118(1): 218–236.

Bordy EM, Bumby AJ, Catuneanu O, Eriksson PG. 2004. Advanced Early Jurassic termite (Insecta: Isoptera) nests: evidence from the Clarens Formation in the Tuli Basin, southern Africa. ***Palaios*** 19: 68–78.

Bordy EM, Sztanó O., Rubidge BS, Bumby A. 2010. Early Triassic vertebrate burrows from the Katberg Formation of the south-western Karoo Basin, South Africa. ***Lethaia*** 44(1): 33–45.

Bown TM, Genise J F. 1993. Nest architecture of Eocene–Oligocene termites, Fayum Depression, Egypt, and the evolution of termite behavior. ***Geological Society of America Abstracts with Program*** 25(5): 12.

Britt BB, Scheetz RD, Dangerfield A. 2008. A suite of dermestid beetle traces on dinosaur bone from the Upper Jurassic Morrison Formation, Wyoming, USA. ***Ichnos*** 15: 59–71.

Brittain JE. 1982. Biology of mayflies. ***Annual Review of Entomology*** 27: 119–147.

Buatois LA, Mángano MG. 2011. Ichnology: Organism–Substrate Interactions in Space and Time. Cambridge University Press, Cambridge.

Buffetaut E, Martill D, Escuillié, F. 2004. Pterosaurs as part of a spinosaur diet. ***Nature*** 430: 33.

Burd MC, Shiwakoti N, Sarvi M, Rose G. 2010. Nest architecture and traffic flow: large potential effects from small structural features. ***Ecological Entomology*** 35: 464–468.

Butler RJ, Yates AM, Rauhut OWM, Foth C. 2013. A pathological tail in a basal sauropodomorph dinosaur from South Africa: evidence of traumatic amputation? ***Journal of Vertebrate Paleontology*** 33: 224–228.

Cao J, Xing LD, Yang G, Shen HJ, Zheng XM, Yang L, Liu M, Qin YC, Zhang HX, Ran H, Mao L, 2016. The reconstruction of the Cretaceous dinosaur fauna in Panxi region based on dinosaur tracks. ***Geological Bulletin of China*** 35(12): 1961–1966.

Cabral UG, Riff D, Kellner AWA, Henriques DDR. 2011. Pathological features and insect boring marks in a crocodyliform from the Bauru Basin, Cretaceous of Brazil; in: Pol, D., Larsson, H.C.E. (Eds.), Symposium on the Evolution of Crocodyliformes. ***Zoological Journal of the Linnean Society*** 163: S140–S151.

Carpenter K. 1982. Baby dinosaurs from the Late Cretaceous lance and Hell Creek formations and a description of a new species of theropod. ***Contributions to Geology*** 20: 123–134.

Carter DO, Yellowlees D, Tibbett M. 2007. Cadaver Decomposition in Terrestrial Ecosystems. ***Naturwissenschaften*** 94: 12–24.

Castanera D, Vila B, Razzollini NL, Santos VF, Pascual C, Canudo JI, 2014. Sauropod trackways of the Iberian Peninsula: palaeoetological and palaeoenvironmental implications. ***Journal of Iberian Geology*** 40: 49–59.

Catena AM, Hembree DI. 2014. Biogenic structures of burrowing skinks: neoichnology of Mabuya multifaciata (Squamata: Scincidae). 343–369. in: Hembree DI, Platt BF, Smith JJ(eds). ***Experimental approaches to understanding fossil organisms: Lessons from the Living (Topics in Geobiology)***. Springer.

Charbonneau P, Hare L. 1998. Burrowing behavior and biogenic structure of mud-dwelling insects. ***Journal of the North American Benthological Society*** 17: 239–249.

Chen P, Dong Z, Zhen S. 1998. An exceptionally well-preserved theropod dinosaur from the Yixian Formation of China. ***Nature*** 391, 147–152.

Chinsamy-Turan A. 2012. Forerunners of Mammals: Radiation, Histology, Biology. Indiana University Press, Bloomington.

Chow MC. 1951. Notes on the Cretaceous dinosaurian remains and the fossil eggs from Laiyang, Shantung. ***Bulletin of the Geological Society of China*** 31: 89–96.

Chowdhury D, Katsuhiro NK, Schadschneider A. 2004. Self-organized patterns and traffic flow in colonies of organisms: from bacteria and social insects to vertebrates. ***Phase Transitions*** 77: 601–624.

Cohen A, Halfpenny J, Lockley M, Michel E. 1993. Modern vertebrate tracks from Lake Manyara, Tanzania and their paleobiological implications. ***Paleobiology*** 19: 443–458.

Coelho VR, Cooper RA, Rodrigues SA. 2000. Burrow morphology and behavior of the mud shrimp Upogebia omissa (Decapoda: Thalassinidea: Upogebiidae). ***Marine Ecology Progress Series*** 200: 229–240.

Colombi CE, Fernández E, Currie BS, Alcober OA, Martinez R. 2012. Large-diameter burrows of the Triassic Ischigualasto Basin, NW Argentina: paleoecological and paleoenvironmental implications. ***PLoS One*** 7(12): e50662.

Costa JT, Fitzgerald TD, Pescador-Rubio A, Mays J, Janzen DH. 2004. Social behavior of larvae of the neotropical processionary weevil Phelypera distigma (Boheman) (Coleoptera: Curculionidae: Hyperinae). ***Ethology*** 110: 515–530.

Cuozzo FP, Sauther M L. 2004. Tooth loss, survival, and resource use in wild ring–tailed lemurs (Lemur catta): implications for inferring conspecific care in fossil hominids. ***Journal of Human Evolution*** 46: 623–631.

Cuozzo FP, Sauther ML. 2006. Severe wear and tooth loss in wild ring–tailed lemurs (Lemur catta): a function of feeding ecology, dental structure, and individual life history. ***Journal of Human Evolution*** 51: 490–505.

Currie PJ, Jacobsen AR. 1995: An azhdarchid pterosaur eaten by a velociraptorine theropod. ***Canadian Journal of Earth Sciences*** 32: 922–925.

Damiani R, Modesto S, Yates A, Neveling J. 2003. Earliest evidence of cynodont burrowing. ***Proceedings of the royal society B*** 270: 1747–1751.

Dangerfield A, Britt B, Scheetz R, Pickard M. 2005. Jurassic dinosaurs and insects: the paleoecological role of termites as carrion feeders. ***Geological Society of America Abstracts with Program*** 37(7): 443.

Davis DR, Rorbinson GS. 1999.The Tineodea and Gracillarioidea. 91–117. in: Kristensen, N.P. (Ed.), Lepidoptera, Moths and Butterflies. Volume 1: Evolution, Systematics, and Biogeography. Handbook of Zoology. A Natural History of the Phyla of the Animal Kingdom Volume IV: Arthropoda: Insecta, Part 35. Walter de Gruyter, Berlin.

Dentzien PC, Schultz CL, Bertoni-Machado CB. 2008. Taphonomy and paleoecology inferences of vertebrate ichnofossils from Guará Formation (Upper Jurassic), southern Brazil. ***Journal of South American earth sciences*** 25: 196–202.

Derry DE. 1911. Damage done to skulls and bones by termites. ***Nature*** 86: 245–246.

DeVault TL, Brisbin IL Jr, Rhodes OE Jr. 2004. Factors influencing the acquisition of rodent carrion by vertebrate scavengers and decomposers. ***Canadian Journal of Zoology*** 82: 502–509.

Deyrup M, Deyrup ND, Eisner M, Eisner T. 2005. A caterpillar that eats tortoise shells. ***American Entomologist*** 51: 245–248.

Dong ZM. 2003. Contributions of new dinosaur materials from China to dinosaurology. ***Memoir of the Fukui Prefectural Dinosaur Museum*** 2: 123–131.

Duringer P, Schuster M, Genise JF, Mackaye HT, Vignaud P, Brunet M. 2007. New termite trace fossils; galleries, nests and fungus combs from the Chad Basin of Africa (upper Miocene–lower Pliocene). ***Palaeogeography, Palaeoclimatology, Palaeoecology*** 251: 323–353.

Eberth DA, Getty M. 2005. Ceratopsian bonebeds. In: Currie PJ. Koppelhus EB. (eds.), ***Dinosaur Provincial Park: a Spectacular Ancient Ecosystem Revealed***. Indiana University Press, Bloomington. 501–536.

Eggleton P, Beccaloni G, Inward D. 2007. Response to Lo et al. ***Biology Letters*** 3: 564–565.

Emerson AE. 1965. A review of the Mastotermitidae (Isoptera), including a new fossil genus from Brazil. ***American Museum Novitates*** 2236: 1–46.

Emerson AE. 1967. Cretaceous insects from Labrador 3. A new genus and species of termite (Isoptera: Hodotermitidae). ***Psyche*** 74: 276–289.

Engel MS, Grimaldi DA, Krishna K. 2007. Primitive termites from the Early Cretaceous of Asia (Isoptera). ***Stuttgarter Beiträge zur Naturkunde*** Serie B (Geologie und Paläontologie) 371: 1–32.

Engel MS, Grimaldi DA, Krishna K. 2009. Termites (Isoptera): their phylogeny, classification, and rise to ecological dominance. ***American Museum Novitates*** 3650: 1–27.

Engel MS, Delclòs X. 2010. Primitive termites in Cretaceous amber from Spain and Canada (Isoptera). ***Journal of the Kansas Entomological Society*** 83: 111–128.

Erickson GM. 1995. Split carinae on tyrannosaurid teeth and implications of their development. ***Journal of Vertebrate Paleontology*** 15: 268–274.

Fang X, Pang Q, Lu L, Zhang Z, Pan S, Wang Y, Li X, Cheng Z. 2000. Lower, Middle, and Upper Jurassic subdivision in the Lufeng region, Yunnan Province. 208–214. in: Editorial Committee of the Proceedings of the Third National Stratigraphical Congress of China (Ed.), Proceedings of the Third National Stratigraphical Conference of China. Geological Publishing House, Beijing.

Farke AA, O'Connor PM. 2007. Pathology in Majungasaurus crenatissimus (Theropoda: Abelisauridae) from the Late Cretaceous of Madagascar. ***Journal of Vertebrate Paleontology*** 27 (suppl. to Number 2): 180–184.

Farlow JO, Brinkman DL. 1994. Wear surfaces on the teeth of tyrannosaurs. In Rosenberg GD, Wolberg DL. (eds.), Dino Fest. ***The Paleontological Society Special Publication*** 7. 165–175.

Farlow JO, Brinkman DL, Abler WL, Currie PJ. 1991. Size, shape, and serration density of theropod dinosaur lateral teeth. ***Modern Geology*** 16: 161–198.

Fejfar O, Kaiser TM. 2005. Insect bone-modification and paleoecology of Oligocene mammal-bearing sites in the Doupov Mountains, northwestern Bohemia. ***Palaeontologia Electronica*** 8A: 1–11.

Fiorillo AR. 1984. An introduction to the identification of trample marks. ***Current Research***, University of Main 1: 47–48.

Fisher JW Jr, 1995. Bone surface modifications in zooarchaeology. ***Journal of Archaeological Method and Theory*** 2: 7–68.

Galton PM, Upchurch P. 2004. Prosauropoda. 232–258.in: Weishampel, D.B., Dodson, P., Osmólska, H., (Eds.). The Dinosauria, Second Ed. University of California Press, Berkeley.

García RA, Cerda IA, Heller M, Rothschild BM, Zurriaguz V. 2016. The first evidence of osteomyelitis in a sauropod dinosaur. ***Lethaia***: 10.1111/let.12189.

Gautier A. 1993. Trace fossils in archaeozoology. ***Journal of Archaeological Science*** 20: 511–523.

Genise JF, Mangano MG, Buatois LA, Laza JH, Verde M. 2000. Insect trace fossil associations in paleosols; the Coprinisphaera ichnofacies. ***Palaios*** 15: 49–64.

Genise JF. 2004. Ichnotaxonomy and ichnostratigraphy of chambered trace fossils in palaeosols attributed to coleopterans, ants and termites. 419–453. in: McIlroy, D. (Ed.). ***The Application of Ichnology to Palaeoenvironmental and Stratigraphic Analysis***. Geological Society of London Special Publication.

Genise JF, Bellosi ES, Melcho RN, Cosarinsky MI. 2005. Comment—advanced Early Jurassic termite (Insecta: Isoptera) nests: evidence from the Clarens Formation in the Tuli Basin, southern Africa (Bordy et al., 2004). ***Palaios*** 20: 303–308.

Gilberg M, Riegel C, Melia B, Leonard J. 2003. Detecting subterranean termite activity with infrared thermography: a case study. ***APT Bulletin*** 34: 47–53.

Gobetz K, Lucas SG, Jlerner A. 2005. Lungfish burrows of varying morphology from the upper Triassic Redonda Formation, Chinle Group, eastern New Mexico. p.140-146 in: Harris JD, Lucas SG, Speilmann JA, Lockley MG, Milner AR, Kirkland JI. ***The Triassic-Jurassic Terrestrial Transition*** 37.

Grimaldi DA, Engel MS. 2005. ***Evolution of the Insects***. Cambridge University Press, Cambridge.

Grimaldi DA, Engel MS, Krishna K. 2008. The species of Isoptera (Insecta) from the Early Cretaceous Crato Formation: a revision. ***American Museum Novitates*** 3626: 1–30.

Hanna RR. 2002. Multiple injury and infection in a sub–adult theropod dinosaur Allosaurus fragilis with comparisons to allosaur pathology in the Cleveland–Lloyd Dinosaur Quarry collection. ***Journal of Vertebrate Paleontology*** 22: 76–90.

Hasiotis ST, Dubiel RF. 1995. Termite (Insecta: Isoptera) nest ichnofossils from the Upper Triassic Chinle Formation, Petrified Forest National Park. ***Arizona. Ichnos*** 4: 119–130.

Hasiotis, S.T., Fiorillo, A.R., Hanna, R.R, 1999. Preliminary report on borings in Jurassic dinosaur bones: evidence for invertebrate–vertebrate interactions. 193–200. in: Gillette, D.D. (Ed.), ***Vertebrate Paleontology in Utah***. Utah Geological Survey Miscellaneous Publication.

Hasiotis ST. 2003. Complex ichnofossils of solitary and social soil organisms: understanding their evolution and roles in terrestrial paleoecosystems. ***Palaeogeography, Palaeoclimatology, Palaeoecology*** 192: 259–320.

Hasiotis ST, Wellner RW, Martin AJ, Demko TM. 2004. Vertebrate burrows from Triassic and Jurassic continental deposits of North America and Antarctica: their paleoenvironmental and paleoecological significance. ***Ichnos*** 11: 103–124.

Hamilton III WJ, Buskirk RE, Buskirk WH. 1976. Social organization of the Namib Desert tenebrionid beetle Onymacris rugatipennis. ***Canadian Entomologist*** 108: 305–316.

Hansell M. 2007. ***Built By Animals: the Natural History of Animal Architecture***. Oxford University Press, Oxford.

Haynes G. 1991. ***Mammoths, Mastodonts, and Elephants: Biology, Behavior, and the Fossil Record***. Cambridge University Press, Cambridge.

Hill A. 1987. Damage to some fossil bones from Laetoli. 543–544. In: Leakey, M.D., Harris, J.M.(Eds), Laetoli. A Pliocene site in Northern Tanzania. Clarendon, Oxford.

Hill WCO, Porter A, Bloom RT, Seago J, Southwick MD. 1957. Field and laboratory studies on the naked mole rat, Heterocephalus glaber. ***Journal of Zoology*** 128: 455–514.

Hillson S. 2001. Recording dental caries in archaeological remains. ***International Journal of Osteoarchaeology*** 11: 249–289.

Hölldobler B, Wilson EO. 1990. ***The Ants***. The Belknap Press of Harvard University Press, Cambridge.

Howard KJ, Thorne BL. 2011. Eusocial evolution in termites and Hymenoptera. 97–132. in: Bignell, D.E., Roisin, Y., Lo, N. (Eds.). ***Biology of Termites: a Modern Synthesis***, Second Ed. Springer Verlag, Dordrecht.

Hu D, Hou L, Zhang L, Xu, X. 2009. A pre-Archaeopteryx troodontid theropod from China with long feathers on the metatarsus. ***Nature*** 461, 640–643.

Hu SJ. 1993. A new Theropoda (Dilophosaurus sinensis sp. nov.) from Yunnan, China. ***Vertebrata PalAsiatica*** 31: 65–69.

Huang FS, Zhu SM, Li GX. 1987. Effect of continental drift on phylogeny of termites. ***Zoological Research*** 8: 55–60.

Huchet JB, Deverly D, Gutierrez B, Chauchat C. 2011. Taphonomic evidence of a human skeleton gnawed by termites in a Moche-Civilisation grave at Huaca de la Luna, Peru. ***International Journal of Osteoarchaeology*** 21: 92–102.

Hungerbühler A. 2000. Heterodonty in the European phytosaur Nicrosaurus kapffi and its implications for the taxonomic utility and functional morphology of phytosaur dentitions. ***Journal of Vertebrate Paleontology*** 20: 31–48.

Inward D, Beccaloni G, Eggleton P. 2007. Death of an order: a comprehensive molecular phylogenetic study confirms that termites are eusocial cockroaches. ***Biology Letters*** 3: 331–335.

Irmis R. 2004. First report of Megapnosaurus (Theropoda: Coelophysoidea) from China. ***PaleoBios*** 24(3): 11–18.

Jackson DE, Holcombe M, Ratnieks FLW. 2004.Trail geometry gives polarity to ant foraging networks. ***Nature*** 432: 907–909.

Jiang S, Li F, Peng G-Z, Ye Y. 2011. A new species of Omeisaurus from the Middle Jurassic of Zigong, Sichan. ***Vertebrata PalAsiatica*** 49(2): 185–194.

Kaiser TM. 2000. Proposed fossil insect modification to fossil mammalian bone from Plio-Pleistocene hominid-bearing deposits of Laetoli (northern Tanzania). ***Annals of the Entomological Society of America*** 93: 693–700.

Kiel S, Goedert JL, Kahl WA, Rouse GW. 2010. Fossil traces of the bone-eating worm Osedax in early Oligocene whale bones. ***Proceedings of the National Academy of Sciences*** 107: 8656–8659.

Kiel S, Kahl WA, Goedert JL, 2011. Osedax borings in fossil marine bird bones. ***Naturwissenschaften*** 98, 51–55.

Kim KS, Lockley MG, Kim JY, Seo SJ. 2012. The smallest dinosaur tracks in the world: occurrences and significance of Minisauripus from East Asia. ***Ichnos*** 19, 66–74.

Kirkland JI, Bader K. 2010. Insect trace fossils associated with Protoceratops carcasses in the Djadokhta Formation (Upper Cretaceous), Mongolia. 509–519. in: Ryan, M.J., Chinnery-Allgeier, B.J., Eberth, D.A. (Eds.), New Perspectives on ***Horned Dinosaurs: The Royal Tyrrell Museum Ceratopsian Symposium***. Indiana University Press, Bloomington.

Krapovickas E, Mancuso AC, Marsicano CA, Domnanovich NS, Schultz C. 2013. Large tetrapod burrows from the Middle Triassic of Argentina: a behavioral adaptation to seasonal semi-arid climate ? ***Lethaia*** 46: 154–169.

Kumari P, Devi S, Singh G.2016. Osteomyelitis: Identification and Management. ***MOJ Orthop Rheumatol*** 5(5): 00195.

Lavelle P, Bignell D, Lepage M, Wolters V, Roger P, Ineson P, Heal OW, Dhillion. 1997. Soil function in a changing world: the role of invertebrate ecosystem engineers. ***European Journal of Soil Science*** 33: 159–193.

Lavelle P, Decaëns T, Aubert M, Barot S, Blouin M, Bureau F, Margerie P, Mora P, Rossi JP. 2006. Soil invertebrates and ecosystem services. ***European Journal of Soil Biology*** 42: S3–S25.

Labandeira CC. 1998. The role of insects in Late Jurassic to middle Cretaceous ecosystems. 105–124. in: Lucas, S. G., Kirkland, J. I., Estep, J. W. (Eds.), ***Lower and Middle Cretaceous Terrestrial Ecosystems***. New Mexico Museum of Natural History and Science Bulletin 14.

Laundré JW. 1989. Horizontal and vertical diameter of burrows of five small mammal species in southeastern Idaho. ***The Great Basin Naturalist*** 49: 646–649.

Lee SH, Bardunias P, Su NY. 2007. Optimal length distribution of termite tunnel branches for efficient food search and resource transportation. ***BioSystems*** 90: 802–807.

Lee SH, Bardunias P, Su NY. 2008. Rounding a corner of a bent termite tunnel and tunnel traffic efficiency. ***Behavioural Processes*** 77: 135–138.

Lee MSY, Cau A, Naish D, Dyke GJ. 2014. Sustained miniaturization and anatomical innovation in the dinosaurian ancestors of birds. ***Science*** 345: 562–565.

Lew PA, Waldvogel FA. 2004. Osteomyelitis. ***Lancet*** 364: 369-379.

Li RH, Liu MW, Matsukawa M. 2002. Discovery of fossilized tracks of Jurassic dinosaur in Shandong. ***Geological Bulletin of China*** 21: 596–597.

Li RH, Lockley MG, Matsukawa M, Wang KB, Liu MW. 2011. An unusual theropod track assemblage from the Cretaceous of the Zhucheng area, Shandong Province, China. ***Cretaceous Research*** 32: 422–432.

Liu J, Li L. 2013. Large tetrapod burrows from the Permian Naobaogou Formation of the Daqingshan area, Nei Mongol, China. ***Acta geologica Sinica*** (English edition) 87(6): 1501–1507.

Lockley MG, Wright J, White D, Li JJ, Feng L, Li H. 2002. The first sauropod trackways from China. ***Cretaceous Research*** 23: 363–381.

Lockley MG, Li R, Harris J, Matsukawa M, Liu MW. 2007. Earliest zygodactyl bird feet: evidence from Early Cretaceous Road Runner–like traces. ***Naturwissenschaften*** 94: 657–665.

Lockley MG, Kim JY, Kim KS, Kim SH, Matsukawa M, Li RH, Li JJ, Yang SY. 2008. Minisauripus – the track of a diminutive dinosaur from the Cretaceous of China and Korea: implications for stratigraphic correlation and theropod foot morphodynamics. ***Cretaceous Research*** 29: 115–130.

Lockley MG, Xing LD, Lockwood JAF, Pond S. 2014. A review of large Cretaceous ornithopod tracks, with special reference to their ichnotaxonomy. ***Biological Journal of the Linnean Society*** 113, 721–736.

Lockley MG, Xing LD. 2015. Flattened fossil footprints: implications for paleobiology. ***Palaeogeography, Palaeoclimatology, Palaeoecology*** 426, 85–94.

Loope DB. 2006. Burrows dug by large vertebrates into rain-moistened Middle Jurassic sand dunes. ***The Journal of Geology*** 114: 753–762.

Lucas SG, Gobetz K, Odier GP, Mccormick T, Egan C. 2005. Tetrapod burrows from the Lower Jurassic Navajo Sandstone, southeastern Utah. 147-154. in: Harris JD, Lucas SG, Speilmann JA, Lockley MG, Milner AR, Kirkland JI. The Triassic-Jurassic Terrestrial Transition 37.

Lukacs JR. 2007. Dental trauma and antemortem tooth loss in prehistoric Canary Islanders: prevalence and contributing factors. ***International Journal of Osteoarchaeology*** 17: 157–173.

Lucas SG, Spielmann JA, Klein H., Lerner AJ. 2010. Ichnology of the Upper Triassic Redonda Formation (Apachean) in east-central New Mexico. ***New Mexico Museum of Natural History and Science Bulletin*** 47: 1–75.

Luo ZX, Wu XC. 1994. The small tetrapods of the Lower Lufeng Formation, Yunnan, China. 251–270. In: Fraser NC, Sues HD. (eds.), ***In the Shadow of the Dinosaurs: Early Mesozoic Tetrapods***. Cambridge University Press, Cambridge.

Luo ZX, Wu XC. 1995. Correlation of vertebrate assemblage of the Lower Lufeng Formation, Yunnan, China. 83–88. in: Sun, A.L., Wang, Y. (Eds.), ***Sixth Symposium on Mesozoic Terrestrial Ecosystems and Biotas***. China Ocean Press, Beijing.

Luo ZX, Crompton AW, Sun AL. 2001. A new mammaliaform from the Early Jurassic and evolution of mammalian characteristics. ***Science*** 292: 1535–1540.

Mallison H. 2010. The digital *Plateosaurus* I: body mass, mass distribution and posture assessed using CAD and CAE on a digitally mounted complete skeleton. ***Palaeontologia Electronica*** 13.2.8A:1–26.

Martin AJ. 2009. Dinosaur burrows in the Otway Group (Albian) of Victoria, Australia, and their relation to Cretaceous polar environments. ***Cretaceous Research*** 30: 1223–1237.

Marsh O. 1884. Principal characters of American Jurassic dinosaurs, the order Theropoda. ***American Journal of Science*** 27: 411–416.

Miles AE, Grigson C. 1990. ***Colyer's Variations and Diseases of the Teeth of Animals***. Cambridge University Press, Cambridge. 1–692.

Miller MF, Hasiotis ST, Babcock LE, Isbell JL, Collinson JW. 2001. Tetrapod and large burrows of uncertain origin in Triassic high paleolatitude floodplain deposits, Antarctica. ***Palaios*** 16: 218–232.

Moodie RL. 1930. Dental abscesses in a dinosaur millions of years old, and the oldest yet known. ***Pacific Dental Gazette*** 38: 435–440.

Moran K, Hilbert-Wolf HL, Golder K, Malenda HF, Smith CJ, Storm LP, Simpson EL, Wizevich MC, Tindall SE. 2010. Attributes of the wood-boring trace fossil *Asthenopodichnium* in the Late Cretaceous Wahweap Formation, Utah, USA. ***Palaeogeography, Palaeoclimatology, Palaeoecology*** 297: 662–669.

Morgan J. 2011. ***Observable stages and scheduling for alveolar remodeling following antemortem tooth loss***. Unpublished PhD Dissertation, Johannes Gutenberg–Universität, Mainz.

Myrow PM. 1995. *Thalassinoides* and the enigma of Early Paleozoic open-framework burrow systems. ***Palaios*** 10: 58–74.

Niedźwiedzki G, Gorzelak P, Sulej T. 2010. Bite tracks on dicynodont bones and the early evolution of large terrestrial predators. ***Lethaia*** 44: 87–92.

Paik IS. 2000. Bone chip-filled burrows associated with bored dinosaur bone in floodplain paleosols of the Cretaceous Hasandong Formation, Korea. ***Palaeogeography, Palaeoclimatology, Palaeoecology*** 157: 213–225.

Paik IS, Kim HJ, Lee HI. 2015. Unique burrows in the Cretaceous Hasandong Formation, Hadong, Gyeongsangnam-do: Occurrences, origin and paleoecological implications. ***Journal of the Geological Society of Korea*** 51(2): 141–155.

Pu HY, Kobayashi Y, Lu JC, Li X, Wu YH, Chang HL, Zhang JM, Jia SH. 2013. An Unusual Basal Therizinosaur Dinosaur with an Ornithischian Dental Arrangement from Northeastern China. ***PLoS One*** 8:e63423.

Puttick MN, Thomas GH, Benton MJ. 2014. High rates of evolution preceded the origin of birds. ***Evolution*** 68: 1497–1510.

Olsen PE, Smith JB, McDonald NG. 1998. Type material of the type species of the classic theropod footprint genera *Eubrontes*, *Anchisauripus*, and *Grallator* (Early Jurassic, Hartford and Deerfield basins, Connecticut and Massachusetts, U.S.A.). ***Journal of Vertebrate Paleontology*** 18: 586–601.

Reichman OJ, Smith SC. Burrows and burrowing behavior by mammals. 1990. 197–244. In: Current mammalogy(ed. Genoways). Plenum Press, New York and London.

Reichman OJ, Smith SG. 1990. Burrows and burrowing behavior by mammals. 197–244. in: Genoways, H.H. (Ed.). ***Current Mammalogy 2***. Plenum Press. New York.

Resnick D, Shaul SR, Robins JM. 1975. Diffuse idiopathic skeletal hyperostosis (DISH): Forestier's disease with extraspinal manifestations. ***Radiology*** 115: 523–524.

Resnick D, Guerra J, Robinso CA. 1978. Association of diffuse idiopathic skeletal hyperostosis (DISH) and calcification and ossification of the posterior longitudinal ligament. ***American Journal of Roentgenology*** 131(6): 1149–1153.

Resnick D. 2002. ***Radiology of bone and Joint disorders***. Saunders, Philadelphia.

Reisz RR, Scott DM, Pynn BR, Modesto SP. 2011. Osteomyelitis in a Paleozoic reptile: ancient evidence for bacterial infection and its evolutionary significance. ***Naturwissenschaften*** 98: 551–555.

Rogers J, Watt I, Dieppe P. 1985. Palaeopathology of spinal osteophytosis, vertebral ankylosis, ankylosing spondylitis, and vertebral hyperostosis. ***Annals of the Rheumatic Diseases*** 44: 113–120.

Roberts EM, Tapanila L. 2006. A new social insect nest trace from the Late Cretaceous Kaiparowits Formation of southern Utah. ***Journal of Paleontology*** 80: 768–774.

Roberts EM, Rogers RR, Foreman BZ. 2007. Continental insect borings in dinosaur bone: examples from the Late Cretaceous of Madagascar and Utah. ***Journal of Paleontology*** 81: 201–208.

Rogers RR. 1992. Non-marine borings in dinosaur bones from the Upper Cretaceous Two Medicine Formation, northwestern Montana. ***Journal of Vertebrate Paleontology*** 12: 528–531.

Rothschild, B.M., 1982. ***Rheumatology: A Primary Care Approach***. New York: Yorke Medical Press. 416pp.

Rothschild BM, Berman DS. 1991. Fusion of caudal vertebrae in late Jurassic sauropods. ***Journal of Vertebrate Paleontology*** 11: 29–36.

Rothschild BM. 1997. Dinosaurian paleopathology. 426–448. In: Farlow JO, Brett–Surman MK. (eds.), ***The Complete Dinosaur***. Indiana University Press, Bloomington.

Rothschild BM, Prothero DR, Rothschild C. 2001. Origins of spondyloarthropathy in Perissodactyla. ***Paleopathology*** 19(6): 628–632.

Rothschild MB, Helbing M, Miles C, 2002. Spondyloarthropathy in the Jurassic. ***The Lancet*** 360, 1454.

Rothschild B, Tanke DH. 2005. Theropod paleopathology, state–of–the–art review. 351–365. In: Carpenter K. (ed.): ***The Carnivorous Dinosaurs***. Indiana University Press, Bloomington.

Rothschild BM, Molnar RE. 2008. Tyrannosaurid pathologies as clues to nature and nuture in the Cretaceous. 287–306. In: Larson P, Carpenter K. (eds.), ***Tyrannosaurus rex, the Tyrant King***. Indiana University Press, Bloomington.

Rothschild B, Zheng XT, Martin L. 2012. Osteoarthritis in the early avian radiation: Earliest recognition of the disease in birds. ***Cretaceous Research*** 35: 178–180.

Rothschild BM, Schultze H–P, Peligrini R. 2012. ***Herpetological Osteopathology: Annotated Bibliography of Amphibians and Reptiles***. Springer–Verlag, Heidelberg, Germany.

Saneyoshi M, Watabe M, Suzuki S, Tsogtbaatar K. 2011. Trace fossils on dinosaur bones from Upper Cretaceous eolian deposits in Mongolia: taphonomic interpretation of paleoecosystems in ancient desert environments. ***Palaeogeography, Palaeoclimatology, Palaeoecology*** 311: 38–47.

Schwanke C, Kellner AWA. 1999. Presence of insect? borings in synapsid bones from the terrestrial Triassic Santa Maria Formation, southern Brazil. ***Journal of Vertebrate Paleontology*** 19(suppl. 3): 74A.

Seilacher A. 2007. ***Trace Fossil Analysis***. Springer Verlag, Berlin.

Sekiya T. 2010. A new prosauropod dinosaur from Lower Jurassic in Lufeng of Yunnan. ***Global Geology*** 29: 6–15.

Sidor CA, Miller MF, Isbell JL. 2008. Tetrapod burrows from the Triassic of Antarctica. ***Journal of Vertebrate Paleontology*** 28: 277–284.

Smith RMH. 1987. Helical burrow casts of therapsid origin from the Beaufort Group (Permian) of South Africa. ***Palaeogeography, Palaeoclimatology, Palaeoecology*** 60: 155–170.

Storm L, Needle MD, Smith CJ, Fillmore DL, Szajna M, Simpson EL, Lucas SG. 2010. Large vertebrate burrow from the Upper Mississipian Mauch Chunk Formation, eastern Pennsylvania, USA. ***Palaeogeography, Palaeoclimatology, Palaeoecology*** 298: 341–347.

Su NY, Stith BM, Puche H, Bardunias P. 2004. Characterization of tunneling geometry of subterranean termites by computer simulation. ***Sociobiology*** 44: 471–483.

Su NY, Bardunias P. 2005. Foraging behavior of subterranean termites (Isoptera: Rhinotermitidae): food discovery and movement of termites within established galleries. 443–445. in: Lee, C.W., Robinson, W.H. (Eds.), ***Proceedings of the Fifth International Conference on Urban Pests***, Suntec, Singapore.

Sun AL, Cui KH. 1986. A brief introduction to the Lower Lufeng saurischian fauna (Lower Jurassic: Lufeng, Yunnan, People's Republic of China). 275–278. In: Padian K. (ed.), ***The Beginning of the Age of Dinosaurs: Faunal Change Across the Triassic–Jurassic Boundary***. Cambridge University Press, Cambridge.

Surlyk F, Milàn J, Noe-Nygaard N. 2008. Dinosaur tracks and possible lungfish aestivation burrows in a shallow coastal lake; lowermost Cretaceous, Bornholm, Denmark. ***Palaeogeography, Palaeoclimatology, palaeoecology*** 267: 292–304.

Sutherland TD, Young JH, Weisman S, Hayashi CY, Merritt DJ. 2010. Insect silk: one name, many materials. ***Annual Review of Entomology*** 55: 171–188.

Talanda M, Dzieciol S, Sulej T, Niedźwiedzki G. 2011. Vertebrate burrow system from the upper Triassic of Poland. ***Palaios*** 26: 99–105.

Tapanila L, Roberts EM, Bouaré ML, Sissoko F, O'leary MA. 2004. Bivalve borings in phosphatic coprolites and bone, Cretaceous–Paleogene, northeastern Mali. ***Palaios*** 19: 565–573.

Tapanila L, Roberts EM, 2012. The earliest evidence of holometabolan insect pupation in conifer wood. ***PLoS One*** 7(2): e31668.

Tan XH. 1997. Stratigraphy and depositional environments of the Lufeng Basin. ***Yunnan Geological Science and Technology Information*** 1: 21–22

Tanke DH, Rothschild BM. 1997. Paleopathology. 525–530. in: Currie, P.J., Padian, K. (Eds.), ***Encyclopedia of Dinosaurs***. Academic Press, San Diego.

Tanke DH, Currie PJ. 2000. Head–biting behavior in theropod dinosaurs: paleopathological evidence. ***Gaia*** 15: 167–184.

Thomas H. G., Bateman P. W., Le Comber S. C., Bennett N. C., Elwood R.W., Scantlebury M. 2009. Burrow architecture and digging activity in the Cape dune mole rat. ***Journal of Zoology*** 279: 277–284.

Thorne BL, Kimsey RB. 1983, Attraction of Neotropical Nasutitermes termites to carrion. ***Biotropica*** 15, 295–296.

Thorne BL, Grimaldi DA, Krishna K. 2000. Early fossil history of the termites. 77–93. in: Abe, T., Bignell, D.E., Higashi, M. (Eds), ***Termites: Evolution, Sociality, Symbioses, Ecology***. Kluwer Academic Publishers, Dordrech.

Thulborn T. 1990. ***Dinosaur Tracks***. Chapman & Hall, London.

Tschinkel WR. 2003. Subterranean ant nests: trace fossils past and future? ***Palaeogeography, Palaeoclimatology, Palaeoecology*** 192: 321–333.

Tschinkel WR. 2010. The foraging tunnel system of the Namibian Desert termite, Baucaliotermes hainesi. ***Journal of Insect Science*** 10(65): 1–17.

Turner AH, Pol D, Clarke JA, Erickson GM, Norell MA. 2007. A basal dromaeosaurid and size evolution preceding avian flight. ***Science*** 317,1378–1381.

Turner JS, 2000. ***The Extended Organism: the Physiology of Animal-Built Structures***. Harvard University Press, Cambridge.

Varricchio DJ, Martin AJ, Katsura Y. 2007. First trace and body fossils evidence of a burrowing, denning dinosaur. ***Proceedings of the royal society B*** 274: 1361–1368.

Voigt S, Schneider JW, Saber H, Hminna A, Lagnaoui A, Klein H, Brosig A, Fischer J. 2011. Complex tetrapod burrows from Middle Triassic red beds of the Argana Basin (Western High Atlas, Morocco). ***Palaios*** 26: 555–566.

Wang QW, Liang B, Kan ZZ, 2007. Geochemistry and implications for the source areas and weathering in the Shaximiao Formation, Zigong, Sichuan.

Sedimentary Geology and Tethyan Geology 27(4): 17–21.

Wilf P. 2008. Insect-damaged fossil leaves record food web response to ancient climate change and extinction. ***New Phytologist*** 178: 486–502.

Wylie FR, Walsh GL, Yule RA. 1987. Insect damage to aboriginal relics at burial and rock-art sites near Carnavon in central Queensland. ***Journal of the Australian Entomological Society*** 26: 335–345.

Xing LD, Harris JD, Wang KB, Li RH. 2010. An Early Cretaceous N on-avian dinosaur and bird footprint assemblage from the Laiyang Group in the Zhucheng Basin, Shandong Province, China. ***Geological Bulletin of China*** 29 (8): 1105–1112.

Xing LD, Harris JD, Jia CK. 2010. Dinosaur tracks from the Lower Cretaceous Mengtuan Formation in Jiangsu, China and morphological diversity of local sauropod tracks. ***Acta Palaeontologica Sinica*** 49 (4): 448–460.

Xing LD. 2012. ***Sinosaurus from southwestern China***. Department of Biological Sciences, University of Alberta, Canada.

Xing LD, Bell PR, Currie PJ, Shibata M, Tseng GW, Dong ZM. 2012. A sauropod rib with an embedded theropod tooth: direct evidence for feeding behaviour in the Jehol group, China. ***Lethaia*** 45(4): 500–506.

Xing LD, Harris JD, Gierliński GD, Gingras MK, Divay JD, Tang YG, Currie PJ. 2012. Early Cretaceous Pterosaur tracks from a "buried" dinosaur tracksite in Shandong Province, China. ***Palaeoworld*** 21: 50–58.

Xing LD, Bell PR, Rothschild BM, Ran H, Zhang JP, Dong ZM, Zhang W, Currie PJ. 2013. Tooth loss and alveolar remodeling in Sinosaurus triassicus (Dinosauria: Theropoda) from the Lower Jurassic strata of the Lufeng Basin, China. ***Chinese Science Bulletin*** (English version) 58(16): 1931–1935.

Xing LD, Roberts EM, Harris JD, Gingras MK, Ran H, Zhang JP, Xu X, Burns ME, Dong ZM. 2013. Novel insect traces on a dinosaur skeleton from the Lower Jurassic Lufeng Formation of China. ***Palaeogeography, Palaeoclimatology, Palaeoecology*** 388: 58–68.

Xing LD, Lockley MG, Marty D, Klein H, Buckley LG, McCrea RT, Zhang JP, Gierliński GD, Divay JD, Wu QZ. 2013. Diverse dinosaur ichnoassemblages from the Lower Cretaceous Dasheng Group in the Yishu fault zone, Shandong Province, China. ***Cretaceous Research*** 45: 114–134.

Xing LD, Lockley MG, Marty D, Zhang JP, Wang Y, Klein H, McCrea RT, Buckley LG, Belvedere M, Mateus O, Gierliński GD, Piñuela L, Persons WS IV, Wang FP, Ran H, Dai H, Xie XM. 2015. An ornithopod-dominated tracksite from the Lower Cretaceous Jiaguan Formation (Barremian–Albian) of Qijiang, South-Central China: new discoveries, ichnotaxonomy, preservation and palaeoecology. ***PLoS One*** 10(10): e0141059.

Xing LD, Lockley MG, Marty D, Piñuela L, Klein H, Zhang JP, Persons WSI. 2015. Re-description of the partially collapsed Early Cretaceous Zhaojue dinosaur tracksite (Sichuan Province, China) by using previously registered video coverage. ***Cretaceous Research*** 52: 138–152.

Xing LD, Marty D, Wang KB, Lockley MG, Chen SQ, Xu X, Liu YQ, Kuang HW, Zhang JP, Ran H, Persons WS IV. 2015. An unusual sauropod turning trackway from the Early Cretaceous of Shandong Province, China. ***Palaeogeography, Palaeoclimatology, Palaeoecology*** 437: 74–84.

Xing LD, Rothschild BM, Ran H, Miyashita T, Persons WS IV, Toru S, Zhang JP, Wang T, Dong ZM. 2015. Vertebral fusion in two Early Jurassic sauropodomorph dinosaurs from the Lufeng Formation of Yunnan, China. ***Acta Palaeontologica Polonica*** 60 (3): 643–649.

Xing LD, McKellar RC, Wang M, Bai M, O'Connor JK, Benton MJ, Zhang JP, Wang Y, Tseng KW, Lockley MG, Li G, Zhang WW, Xu X. 2016. Mummified precocial bird wings in mid-Cretaceous Burmese amber. ***Nature Communications*** 7:12089.

Xing LD, McKellar RC, Xu X, Li G, Bai M, Persons WS IV, Miyashita T, Benton MJ, Zhang JP, Wolfe AP, Yi QR, Tseng KW, Ran H, Currie PJ. 2016. A feathered dinosaur tail with primitive plumage trapped in mid-Cretaceous amber. ***Current Biology*** 26, 3352–3360.

Xing LD, Lockley MG, You HL, Peng GZ, Tang X, Ran H, Wang T, Hu J, Persons WS IV. 2016. Early Jurassic sauropod tracks from the Yimen Formation of Panxi region, Southwest China: ichnotaxonomy and potential trackmaker. ***Geological Bulletin of China*** 35(6): 851–855.

Xing LD, Lockley MG, Yang G, Cao J, Benton M, Xu X, Zhang JP, Klein H, Persons WS IV, Kim JY, Peng GZ, Ye Y, Ran H. 2016. A new Minisauripus site from the Lower Cretaceous of China: Tracks of small adults or juveniles?. ***Palaeogeography, Palaeoclimatology, Palaeoecology*** 452: 28–39.

Xing LD, Li DQ, Falkingham PL, Lockley MG, Benton MJ, Klein H, Zhang JP, Ran H, Persons WS IV, Dai H. 2016. Digit-only sauropod pes trackways from China – evidence of swimming or a preservational phenomenon? ***Scientific Reports*** 6: 21138.

Xing LD, Parkinson AH, Ran H, Pirrone CA, Roberts EM, Zhang JP, Burns ME, Wang T, Choiniere J. 2016. The earliest fossil evidence of bone boring by terrestrial invertebrates, examples from China and South Africa. ***Historical Biology*** 28(8): 1108–1117.

Xing LD, Peng GZ, Klein H, Ye Y, Jiang S, Ran H, Burns ME. 2017. Middle Jurassic tetrapod burrows preserved in association with the large sauropod Omeisaurus jiaoi from Sichuan Basin, China. ***Historical Biology*** 29(7): 931–936.

Xing LD., Lockley MG, Li DL, Klein H, Persons WS IV, Ye Y, Zhang, JP, Ran H. 2017. Late Cretaceous Ornithopod-dominated, theropod, and pterosaur track assemblages from the Nanxiong Basin, China: new discoveries, ichnotaxonomy, and palaeoecology. ***Palaeogeography, Palaeoclimatology, Palaeoecology*** 466: 303–313.

Xing LD, O'Connor JK, McKellar RC, Chiappe LM, Tseng KW, Li G, Bai M. 2017. A mid-Cretaceous enantiornithine (Aves) hatchling preserved in Burmese amber with unusual plumage. ***Gondwana Research*** 49: 264–277.

Xing LD, Rothschild BM, Randolph-Quinney PS, Wang Y, Parkinson AH, Ran H. 2018. Possible bite-induced abscess and osteomyelitis in Lufengosaurus (Dinosauria: sauropodomorph) from the Lower Jurassic of the Yimen Basin, China. ***Scientific Reports*** 8: 5045.

Xing LD, Cockx P, McKellar RC, O'Connor JK. 2018. Ornamental feathers in Cretaceous Burmese amber: resolving the enigma of rachis-dominated feather structure. ***Journal of Palaeogeography*** 7:13.

Xing LD, Caldwell MW, Chen R, Nydam RL, Palci A, Simões TR, McKellar RC, Lee MSY, Liu Y, Shi HL, Wang K, Bai M. 2018. A Mid-Cretaceous Embryonic-To-Neonate Snake in Amber from Myanmar. ***Science Advances*** 4: eaat5042.

Xing LD, Stanley E, Bai M, Blackburn DC. 2018. The earliest direct evidence of frogs in wet tropical forests from Cretaceous Burmese amber. ***Scientific Reports*** 8: 8770.

Xing LD, O'Connor JK, McKellar RC, Chiappe LM, Bai M, Tseng KW, Zhang J, Yang HD, Fang J, Li G. 2018. A flattened enantiornithine in mid-Cretaceous Burmese amber: morphology and preservation. ***Science Bulletin*** 63: 235–243.

Xing LD, Sames B, Xi DP, McKellar RC, Bai M, Wan XQ. 2018. A gigantic marine ostracod (Crustacea: Myodocopa) trapped in mid-Cretaceous Burmese amber. ***Scientific Reports*** 8: 1365.

Xing LD, Ross AJ, Stilwel, JD, Fang J, McKellar RC 2019. Juvenile snail with preserved soft tissue in mid-Cretaceous amber from Myanmar suggests a cyclophoroidean (Gastropoda) ancestry. ***Cretaceous Research*** 93: 114–119.

Xu X, Zhou Z H, Wang XL. 2000. The smallest known non-avian theropod dinosaur. ***Nature*** 408, 705–708.

Yang SP. 1990. ***Paleoichnology***. Geological Publishing House, Beijing.

Young CC. 1941. A complete osteology of *Lufengosaurus huenei* Young (gen. et sp. nov.) from Lufeng, Yunnan, China. ***Palaeontologica Sinica*** Series C 7: 1–53.

Young CC. 1942. *Yunnanosaurus huangi* Young (gen. et sp. nov.), a new Prosauropoda from the Red Beds at Lufeng, Yunnan. ***Bulletin of the Geological Society of China*** 22: 63–104.

Young CC. 1951. The Lufeng saurischian fauna. ***Palaeontologica Sinica*** Series C 13: 1–96.

Young CC. 1960. Fossil footprints in China. ***Vertebrata PalAsiatica*** 4: 53–66.

Zalessky. 1937. Ancestors of some groups of the present-day insects. ***Nature*** 140: 847–848

Zhang Y, Yang Z. 1995. ***A new complete osteology of Prosauropoda in Lufeng Basin, Yunnan, China: Jingshanosaurus***. Yunnan Publishing House of Science and Technology, Kunming.

Zhang YZ. 1995. ***Stratigraphy (Lithostratic) of Yunnan Province***. Wuhan: China University of Geosciences Press.

Zhang F, Zhou Z, Xu X, Wang X. 2002. A juvenile coelurosaurian theropod from China indicates arboreal habits. ***Naturwissenschaften*** 89: 394–398.

Zhen S, Li J, Zhang B, Chen W, Zhu S. 1995 .Dinosaur and bird footprints from the Lower Cretaceous of Emi County, Schiuan, China. ***Memoirs of Bejing Natural History Museum*** 54, 105–124.

Zhou ZH, Wang XL, Zhang FC, Xu X. 2000. Important features of Caudipteryx - evidence from two nearly complete new specimens. ***Vertebrata PalAsiatica*** 38: 241–254.

Zhu BZ, Gao DR, Jiang KY, 1993. Effect of geological vicissitude on origination of Isoptera from China. ***Science and Technology of Termites*** 10: 3–9 and 23.

Zhu SM, Yang B, Huang FS. 1989. Effect of geological vicissitude on origination of termite from Yunnan, China. ***Zoological Research*** 10: 1–8.

后　记

亲爱的读者，看到这里，这本书已经接近尾声。我想，您多少应该已经感觉到了这本书的创作目的：除了讲述我在恐龙研究的非主流道路上的那些故事，也试图将科学研究的方法、思想传递出来。如果您能从中有所感悟，那我将倍感荣幸。

事实上，在我们的国家，有很多人像我一样，并非专职的科研人员，但他们有研究的兴趣，有求知的渴望，也会为探索某件事情而有所付出。但是，有很多时候，我们却缺乏科学的研究方法和研究思想，结果，有时候会误入歧途，偏离了正确的方向，甚至做得越多，错的越多。我有幸遇到了很好的老师和朋友，在他们的帮助下，能够在研究的过程中，不断矫正，不至于跑偏。所以，我觉得自己有责任、有义务把一些经验分享出来，帮助到那些和我一样对研究有一点兴趣的人们。从某种意义上来讲，这些研究故事只是载体，不论是讲古生物或者讲蚂蚁，都是如此。

当然，我们的故事也还在继续着。在我提笔写这篇后记的时候，我们在古生物领域的研究已经又有了新的进展，新的论文已经投稿，说不定这本书出版的时候，它已经发表。在昆虫领域，我和其他的小伙伴们也在做一些事情，我参与了张国捷教授主导的全球蚂蚁基因组项目（GAGA），负责中国蚂蚁物种的测序工作，我们将通过基因组测序，重建整个蚂蚁类群的演化关系，并解释其中的一些演化问题，也许会在未来几年内完成这件工作。我想，将来，那也许会是另一本书的故事。

关于这本书，您阅读遇到的任何问题，都可以联络我。您可以发送电子邮件到 ranh@vip.163.com，也可以通过微博搜索我的名字找到我，然后私信或者 @ 我。

最后的最后，祝您阅读愉快、工作顺利、家庭美满幸福。

冉浩